与最聪明的人共同进化

CHEERS

HERE COMES EVERYBODY

在家
就能玩的
感统游戏

〔美〕阿莉·蒂克廷 著
Allie Ticktin

张怡然 译

PLAY TO
PROGRESS

浙江教育出版社·杭州

測一測

你了解什么是感觉统合及其作用吗?

扫码鉴别正版图书
获取您的专属福利

扫码获取全部测试题及答
案，了解如何促进孩子感觉
统合的发展。

- 如果孩子经常戴连指手套，那么，他控制手部精细运动的能力就不能得到良好的发展吗? （　）

  A. 是

  B. 否

- 以下哪个问题与孩子的感觉统合失调有关? （　）

  A. 坐不住

  B. 走路容易摔跤

  C. 动作笨拙

  D. 以上皆是

- 在公园里玩耍比玩一些高科技玩具，更能促进孩子感统协调? （　）

  A. 是

  B. 否

扫描左侧二维码查看本书更多测试题

感统协调，孩子更容易成功

　　每个孩子从出生的那一刻起，就开启了探索周围世界的旅程，也开始运用感觉来辨别身体内正在发生的事情。对感觉的输入能够帮助孩子了解周围的环境，有助于孩子大肌肉运动技能和精细运动技能的发展，并实现对自我的认知。在外玩耍时，他们能够感受到脚下踩到泥土的感觉；骑行时，他们能够通过气流感受到速度；大口吃冰激凌时，他们能够感受到冰冰凉凉的口感……所有这些都在滋养他们的感觉系统，并教会他们如何与所在的环境和谐共处。感觉系统的发育会随着孩子与世界的互动而逐渐完善。事实上，对孩子来说，体验世界最有意义的方式或许就是玩耍。玩耍有一种力量，可以引导孩子们成长，让他们有信心、有能力去追逐自己的梦想。

如果孩子经常戴连指手套，那么，他控制手部精细运动的能力就不能得到良好的发展，而他需要通过手部的精细运动来拿起小的物件、握住蜡笔或者玩某些游戏。如果一个孩子从来都没有机会去探索周围的环境，那么，对他来说，学习走路、与他人互动都要面临巨大的挑战。有研究表明，那些在早期生活中没有接受充分感觉刺激的孩子，在身体发育和自我认知方面都会落后于同龄人。

当然，这些都是相对极端的例子。但确实有一个不可否认的现实，那就是当一个孩子的感觉系统没有得到足够的"滋养"时，他可能会在未来的身体发育、学业和社交方面处于劣势。作为一名职业治疗师，我在工作中经常遇到这样的事例。在本书中，我们尝试通过游戏的力量，来帮助孩子培养成长中所需要的各项技能。我们看到，有的孩子在圆圈教学期间很难安静地坐着，有的孩子很难参与某项体育活动，有的孩子很难在教室里自如地走动，有的孩子很难用积木搭造某个结构，有的孩子写自己的名字时遇到困难，有的孩子抄写黑板上的板书时遇到困难。而我发现，对孩子来说最困难的事是建立一个积极的自我形象和交到朋友。更糟糕的是，根据我的经验，大人如果对上述情况放任不管，孩子的情况只会越来越糟。

近年来，我看到很多婴儿的父母出于好意，给孩子购买一些广告中所宣传的对婴儿发育有益的设备，但实际上这些设备反而可能会让婴儿延缓发育，导致他们在坐立或走路时遇到困难。这些小家伙真正需要的是家长们能够付出时间，陪着他们一起做游戏，参加训练活动，帮助他们锻炼肌肉。我也见过一些被认为患有注意缺陷多动障碍的孩子，他们在学校时很难集中注意力，事实上，让他们坐立不安、不停移动的真正原因是他们无法正确地控制自己在椅子上的坐姿。你的孩子可能正在与自己的感觉问题做斗争，比如挑食或恐高，而这些我们或许都曾经历过。可以肯定的是，这些问题都是可以克服的。我是怎么知道的呢？从我作为一名职业治疗师的专业经验，以及克服自己遇到的一些感觉问题的亲身经历中，我看到了感觉训练成功的可能性。要想获得这份成功，最好的方法就是做孩子们本来就喜欢做的事情：玩耍。

人的身体有八大感觉系统，它们负责协助人体处理周围环境中的信息，理解其中的意义，然后再将周围环境以及身体的各种相关信息反馈给我们。如果你的孩子把球扔向一个目标，但没有击中，他的感觉系统就会反馈这样的信息给他：你需要调整力量，在下一次尝试投球时，尽量扔得更用力些，或者别那么用力。这些出现的问题以及不断调整和尝试的过程，都对孩子的成长至关重要，其重要性不亚于为孩子提供健康的饮食和赐予孩子充满爱的家庭。

我时常会想起一个叫海蒂的小女孩，我是在感觉系统训练课的早期阶段遇到她的。当时，海蒂的妈妈泪流满面地找到我们，因为她刚接到幼儿园打来的电话，说海蒂自一个月前开始上学以来，适应得很不好，和其他小朋友之间也没有任何互动。海蒂只会自己待在操场边，然后找个角落，看着其他孩子玩，自己却从不加入。当我见到海蒂并把她带进感觉训练室时，我注意到的第一件事是，她进来之后没有对周围环境进行任何探索。我决定递给她一个拼图，我们坐在地上一起玩了起来。就在这时，一个完全不一样的海蒂出现了，她开始一边聊天一边跟我玩拼图，还跟我讲起了她的宠物。

事实证明，海蒂对于脚离开地面这件事表现得过于敏感（这一点我们将在本书后面的章节中解释），她的动作总是略显笨拙。海蒂不愿意在学校玩，是因为她觉得其他孩子的动作太快了，攀爬游戏对她来说也很可怕。在跟我们一起上了感觉系统训练课后，海蒂喜欢上了荡秋千，第二年开始上学时，她已经可以很轻松地去幼儿园的操场上和其他小朋友一起玩耍了。

现如今，有越来越多的设备可以为孩子提供娱乐，有些高科技设备甚至可以直接把孩子放到里面，我们对此已经见怪不怪，因为那些高明的市场营销策略让广大父母们相信，他们需要这些设备，甚至在孩子们出生的头几个月就需要这些设备了。但事实上，其中有些设备会让孩子脱离自然的运动模式，反而不利于孩子的发育，不仅会让孩子养成不良姿势，还会让他们处在完全被动的状态，肌肉力量更是无法得到增强。还有些设备会延缓孩子走路技能的提高，会让他们点着脚趾走路，同样不利于身体发育。简而言之，过度使用辅助设备会阻碍婴儿自然发育的进程，同时妨碍他们感觉系统的发育，影响他们对这个世界的自由探索，而探索这件事是孩子们了解环境并与之互动的首要方式。

谈起这个话题，我可以滔滔不绝，因为我经常能看到这些设备的广告，而它们可能对孩子有害。记住，对于宝宝的成长来说，最好的设备就是在地板上铺一张可以保障他们安全的垫子，然后让他们通过探索不断地融入这个世界。我写这本书就是为了帮助家长们理解这些道理，然后运用其中的几十种方法去激活孩子的感觉系统，同时我也希望能够给大家提供一些关于游戏训练与玩耍的有益建议。

我经常从我的客户那里听到这样一些场景，对你来说可能这些场景也很熟悉。在某个阳光明媚的下午，阿什莉开车去学校接她生命中最重要的两个人放学回家，阿什莉很清楚，此刻的平静很快就会被打破。莱拉是另一位母亲，她的车就排在阿什莉的后面。事实上，孩子们一进到车里，就会争先恐后地吸引母亲的注意。莱拉的儿子杰克今年5岁，他想一回到家就玩平板电脑；莱拉还有一个女儿艾薇，今年7岁，她想玩视频游戏；阿什莉的孩子泰勒今年5岁，一上车就要求打开车里的电视；阿什莉的另一个孩子——2岁的洛拉正在乞求阿什莉让她玩会儿手机，毕竟她在12个月大的时候就可以毫不费力地玩手机了。

阿什莉打开车里的音乐，试图分散一下孩子们的注意力，并跟他们聊天，让他们注意今天的天气有多好。但孩子们不为所动，反而提高了嗓门，更大声地提出自己的要求。莱拉想跟孩子们玩"我是间谍"游戏，也没能成功。

在孩子们抱怨了 10 分钟后，阿什莉告诉他们，她会根据他们在接下来路程中的表现，来决定他们回家吃完零食后可以做什么。阿什莉知道她并不会让孩子们今晚玩电子游戏，但她现在实在是忍受不了这混乱的氛围了。

莱拉则提出了一个友好的小比赛，谁能保持安静，谁就能多赢得一本睡前读物。艾薇很喜欢读书，所以她开始尽量不制造噪声，这样今晚就会得到一个额外的故事作为奖励。

回到家里，阿什莉开始准备做饭，她发现家里没有恐龙形状的鸡块了。冰箱里现在有字母形状的鸡块，但洛拉不喜欢它们。洛拉很挑食，到什么程度呢？一般的挑食者在她旁边看起来就像是个美食家。阿什莉心里慌慌的，她问女儿是否想尝一下字母形状的鸡块，意料之中，洛拉拒绝了。阿什莉开始忧虑，因为她担心洛拉这顿饭无法摄入足够的蛋白质，在她因为忧虑而显得心不在焉的节骨眼上，孩子们得到了一小包零食。此刻，泰勒和洛拉拿着零食，坐在桌子旁吃了起来。

在莱拉家，杰克正在上演拒绝坐到桌边吃饭的戏码。在吃东西的间隙，杰克总会从沙发边上跳下来，或者假装成忍者绕着厨房的岛台跑来跑去，同时一脚踢开破碎的盘子。艾薇也跑走了，因为她无法忍受杰克每次撞到东西时发出的巨大声响。

画面再度切到阿什莉家，此时洛拉的脸上沾满了爆米花的残渣，她想要看最喜欢的动画片《小猪佩奇》。阿什莉提醒她，上学日的晚上是不可以看《小猪佩奇》的。所以，阿什莉向洛拉展示了在平板电脑上已经下载好的应用程序，这个应用程序可以用来学习形状。虽然广告中说这个应用程序是教育属性的，但事实上，它看起来更像是一款游戏。洛拉接受了这个提议，拿着平板电脑走向了游戏室。现在，阿什莉开始把注意力转移到泰勒身上，泰勒总是笑得很大声，他的笑声在屋子里不断回响，他似乎只有这一种音量，而且是很大的音量。每当泰勒张开双臂想拥抱洛拉时，都会把洛拉吓跑。泰勒没有意识到自己多么强壮有劲儿，当泰勒紧紧地捏着洛拉时，常常会让洛拉尖叫起来。阿什莉知道，让泰勒在户外"燃烧"一些能量会对他有好处，但他们家只有一个小院子，实在没有太多的选择。泰勒踢了一会儿足球，但他很快就厌倦了追着足球跑。于是泰勒跟妈妈请求看一会儿电视上播的动画片，阿什莉同意让他看几分钟。但阿什莉马上后悔这么做了，因为她知道看电视将会占据泰勒大量的时间，这对孩子并不好。

接下来，莱拉准备去洗衣服了，而且还要完成一个工作上的项目。杰克的老师最近提到杰克在认字母方面遇到了一些困难，莱拉想坐下来帮助杰克一起解决这个困难，但首先她得争取到时间才行。事实上，现在对莱拉来说，几乎一分钟的空暇时间都没有。于是，莱拉没能和杰克一起学习字母表，而是给他下载了一个认字母的应用程序，让杰克坐在她旁边的桌子旁，手里拿着平板电脑学习字母。然后，莱拉开始做自己的工作。

我们都知道，无论是为了孩子，还是为了我们自己，我们都应该减少屏幕使用时间。当我在公园里看到一个坐在婴儿车里的婴儿时，如果我全神贯注地玩手机，那我当然不会再把注意力放在这个婴儿身上，不会再关注公园里的树木，也不会去听周围的声音。人类面对屏幕的时间过长，会导致白质（它就像大脑内的高速公路）减少，认知能力下降，儿科医生也注意到了这一点。最近的一项研究得出了一个惊人的结论，即使对我来说也是非常震惊的结论，那就是"那些没有父母陪伴、每天看屏幕的时间超过建议的1个小时的孩子，白质的发育水平较低，而白质是语言、读写能力和认知技能发展的关键区域"。这个道理也许你们都懂，但对大家来说减少屏幕使用时间真的很难做到，而且越来越难。

让我们面对这个现实：养育孩子确实会让人感到筋疲力尽。在纷乱的日常生活中，孩子盯着电子产品看起来很安静，电子产品也能够填补他们的空闲时间，而父母则忙着赶事项进度、准备晚餐、招待亲朋等琐事。你可以在餐馆、公园、机场甚至学校里看到电子产品。孩子们不再在拥挤的餐厅里学习如何保持专注。他们得到的不是蜡笔，而是平板电脑，大家似乎也不再指望孩子们能够发挥想象力，与家人有更多的互动。电子产品能够让孩子们乐在其中、沉浸其中，甚至让他们不去惹麻烦，但问题是这些屏幕不会促进孩子们的感觉系统发育，这是一个不容小觑的问题。父母想要给孩子最好的东西，但现在电子产品占据了孩子和父母太多的时间。虽然父母可能也知道让孩子在家里、在桌子前、在车里盯着屏幕不合适，但他们不知道还能做些什么。

当然，不要曲解我的意思。我知道电子产品对年轻人来说不可或缺，早已成为大家生活中必不可少的一部分。用电子产品与祖父母视频聊天，或者参加虚拟的儿童瑜伽课，这些都很好。而我前面所说的，是希望大家能够尽量减少消极的屏幕使用时间，即没有产生人与人互动，也没有进行身体运动的屏幕使用时间。设想一个场景：如果你想去洗澡，但孩子不让，对你来说唯一的办法就是给孩子找一个 20 分钟的节目让他去看，如果是这种情况，我觉得完全可以理解，而且我不想让你为此感到自责。我只是想用更多的活动来鼓励家长参与，相较于让孩子自己对着屏幕，我希望是家长与孩子一起去度过那些宝贵的时光。

我的童年早已远去，或许你们的也是。我们的童年意味着放学后的每一分钟都要在户外度过，直到日落。如果天气晴朗，我们就光着脚跑来跑去；如果下雨，我们就会在水坑里蹦蹦跳跳。这些经历简单来说，可能就是跟朋友们一起玩耍，但如果往深层次探讨，这些都是加强我们感觉系统发育的基石，让我们能够成为一名医生，成为一名艺术家，能够靠全额棒球奖学金上大学，或者产生与孩子们一起工作的热情，正是由于这份热情我最终成为一名职业治疗师。

尽管现在的孩子不怎么在外面玩耍了，但他们仍然很忙。孩子们的生活被安排得满满当当，我的大多数客户都是这样的典型。事实上，从学前班甚至从幼儿园开始，大多数孩子的一周中，几乎每天都被安排了各种各样的活动。他们的父母经常来问我，安排孩子去做运动是不是就可以弥补孩子每日的运动不足。我告诉他们，运动对感觉系统的发育以及学习团队合作都很有好处，但这些运动的时间仍然是高度结构化的，孩子们在这些时间段里没有进行非常规思维的训练，也没有动用想象力去玩耍，这其实还是不够的，孩子们必须要有自由玩耍的时间。

让我们回到关于阿什莉和莱拉的话题。她们的每个孩子都需要一些没有得到的东西，但是孩子们都被放在了屏幕前。杰克正在努力练习写自己的名字，并学习那些字母，上个星期他的老师让莱拉在家和他一起练习。一个应用程序可能会帮助他记住每个字母的形状，但对孩子来说，用双手和感觉系统去学习才会更有效。当孩子们在书写方面遇到困难时，他们可以使用能触摸的物品来训练书写字母。比如，杰克就可以用橡皮泥、剃须膏或木棒组成字母。除了死记硬背，他还可以把橡皮泥字母弄湿，探索它们的不同形状，在这个过程中就运用了触觉。从多个方面激发感觉系统是一个非常有效的方法，这个方法有助于建立神经连接，能够让孩子去了解世界，进行抽象思考，完成复杂的活动，运用语言，同时掌握大肌肉运动技能和精细运动技能，并且学会与他人互动。

至于 2 岁的洛拉，她天生擅长使用妈妈的平板电脑和手机，但她不能像大多数同龄的孩子那样完成简单的堆叠或拼图，阿什莉认为她看起来比她哥哥更笨拙。在这样一个有 2 个不到 6 岁的孩子，且父母都有全职工作的家庭中，洛拉事实上受到的关注要比泰勒少，尤其是来自家长的一对一关注。所以最常见的情形就是，父母会把平板电脑递给洛拉，毕竟这种方式最容易哄孩子，尤其是在餐厅或者在车上时。当阿什莉上周末带洛拉去公园参加生日聚会时，她意识到她的女儿不知道该做什么。洛拉没有像她的朋友们那样爬上建筑物，也没有探索周围的环境，相反，她漫无目的地跑来跑去。阿什莉试图让她玩其他孩子带来的一些玩具，但洛拉似乎不像她的同龄人那样有创造力和兴趣。阿什莉不禁开始担心起来。

不仅如此，阿什莉最近去学校参加了泰勒的家长会。本来阿什莉和她的丈夫都对泰勒的旺盛精力感到开心，泰勒喜欢和看到的每个人击掌，作为家长他们对此感到很高兴。但这却在幼儿园里造成了问题，当泰勒靠近时，其他孩子都跑开了，因为和他的小妹妹一样，其他孩子并不喜欢泰勒那么用力地和他们击掌。

现在我们一起拉一下时间进度条。5 年后，洛拉 7 岁，上一年级，她是班级里最聪明的孩子，但却有点儿笨手笨脚。洛拉很难交到朋友，她对运动或其他体育活动提不起兴趣；洛拉有点儿邋遢，而且挑食，拒绝尝试任何新东西。每天早上送洛拉去学校都像是一场战斗，阿什莉感觉对洛拉来说穿过操场似乎都意味着巨大的压力。

泰勒则仍然很难坐在一个地方不动。泰勒是个可爱的孩子，游泳也很厉害，但他的老师总是因为他的一些行为责备他，这让泰勒开始认为自己是个坏孩子。阿什莉注意到，泰勒变得越来越爱捣乱了。

杰克正在教室上课，他的书写很差，而且他似乎不太喜欢学习，这让人感到惊讶和失望，因为莱拉记得当杰克还是个蹒跚学步的孩子时，他对这个世界是那么好奇，他就像一块小海绵，愿意去吸收他遇到的一切。

如果我们跟老一辈的祖父母说，我们必须教会下一代如何玩耍，他们肯定会觉得难以置信。但那些幼教老师告诉我，这实际上已经成为他们工作中很重要的一部分了，因为他们的学生不知道如果离开那些会发光、会发出声音、陪他们玩耍的玩具，该如何自主享受空闲时间。孩子们需要学习如何与周围环境中的物体和同龄人互动，为上幼儿园做好准备。如果你是一名教师或是教育工作者，你可能已经看到了我们在这方面的努力。在这本书中就有许多活动，并且适用于教室，可以用来鼓励孩子们亲自动手，调动感觉系统。本书第 3 章提出了一些关于如何布置教室的建议，让教室能更好地支持孩子的感觉系统发育。

阿什莉和莱拉的故事可能看起来很极端，但事实上，我每天都会看到像他们这样的家庭，在我的办公室里，在他们的家里，或者在学校的教室里。在我们的训练课程中，我们会引导孩子和他们的家庭，通过打造适当的成长环境和进行适当水平的训练来扭转局面。

每个孩子都是独一无二的。孩子会出现某种行为，一定不是单一的原因造成的，但当我们站在幼儿园教室的一角去观察某个正在玩耍的孩子时，老师或家长看到的可能是他们的行为，而我可以透过他们的行为看到他们感觉系统的哪一部分可能需要加强或引起注意。我有个 4 岁的小客户，他的名字叫约翰尼，他喜欢用空手道的姿势在他的朋友身上做砍、挤压和翻滚的动作。约翰尼的老师们一直在用各种各样的行为策略来教导他，告诉他这些行为是不好的，但收效甚微。当我对约翰尼进行评估时，我注意到的第一件事是，这些行为很明显能让他感觉良好，甚至能帮助他感到平静，这样他就可以坐下来，在圆圈教学期间保持安静学习的状态。他用空手道"砍"他的伙伴不是因为刻薄或挑衅，而是因为他的身体需要做一些"繁重的工作"来实现自我调节，然后平静下来。这里所说的"繁重的工作"，是指任何对他的肌肉有推动或拉扯作用的动作。然而，这些行为不仅对他与其他小朋友的人际关系造成了冲击，他的老师还经常因为他制造麻烦而对他点名批评。对于一个 4 岁的孩子来说，约翰尼很难理解为什么他只是做了一件他的身体非常需要的事情，却听到了这么多否定的声音，于是他从学校回到家时变得很沮丧。

幸运的是，通过我和约翰尼的老师们的努力，约翰尼的情况有所好转了。我们为约翰尼提供了在社交上更合适的方式，来帮助他完成这些"繁重的工作"。就跟这本书里将要介绍到的那些活动一样，我们帮助他更好地了解自己的身体。当约翰尼觉得想要做挤压的动作时，我们会用一些简单的说法来引导他，比如，"我可以看到你的身体真的很喜欢那种感觉。如果你的身体确实需要挤压，也是可以的，但通过挤压朋友来获得这种感觉是不行的。我们为什么不试试在你的腿上滚动一个加重球呢？"这样，我们就把谈话从从本质上否定他并让他感到羞耻（"我们不允许你做挤压的动作，那是不好的，你把手放回自己身上"），变成了肯定他并赋予他力量，帮助他明白他可以做什么来让自己和他的朋友都保持开心。

综上所述，结论就是：孩子如果不知道如何玩耍，可能就无法学会如何驾驭这个世界。这个世界需要有想象力的人，有创新思维的人，他们能找到解决日常问题的方法，无论是建造一座桥，解决一个医学难题，还是创业，全都如此。抽象思维、内在自信和社会意识，每一项对于我们的人生发展都是至关重要的，而这些特质全都始于玩耍。当我们与孩子的感觉系统进行有效互动时，这些特质就会自然而然地形成和发展。现在的问题是，我们该如何和孩子们一起玩耍。

本书将带你了解人体的八大感觉系统，详细解释每个感觉系统的作用，并向你介绍一系列的活动来参与并促进其发育。不要跳过前面的章节，因为理解每个感觉系统的功能和工作原理是很重要的。这些感觉系统从来都不是孤立运作的，所有的感觉系统之间会形成联动，虽然我们会介绍某个特定的活动来促进某个特定感觉系统的发育，但实际上大多数活动都会调动多个感觉系统协调作用，来支持孩子在不同领域的发展，无论是精细运动还是体育技能都是如此。

本书会给大家介绍很多可以参照的训练活动，而且每项活动都没有固定的时间或天数要求。你可以把阅读这本书当作搭积木的过程，一步一步地完成。它是一个起点，教会你带着孩子如何以有益于感觉系统发育的方式去玩游戏。如果你正在和孩子一起玩滑板曲棍球，但玩着玩着变成了滑板舞，那就让它顺其自然地发生！玩耍从来不是一件刻板与教条的事情。如果你喜欢某项活动，而你的孩子却喜欢玩扮演公主或海盗，那就随他去吧！要记住，最重要的是，这些活动不应该让你感觉像是在完成家庭作业，而应该是这些训练活动能够为孩子提供无限的机会与可能性，全面激发他们的想象力。我听许多父母说，他们实际上不知道该如何与孩子一起玩耍，当你们能够在这些活动中放松下来变得更加自在时，就会更好地挖掘出你们与孩子的内在创造性。

书中的训练活动针对的是 3 ～ 8 岁的孩子，但这只是一个大概的年龄范围，你可以根据实际情况来进行调整，让活动变得更具挑战性或更容易，从而更加适合你的孩子。如果孩子在某项练习中遇到困难，你可以降低难度或者尝试其他方法。一旦孩子掌握了一项技能，你就可以让活动进一步升级，让孩子变得更加有野心，更愿意去完成挑战。你们也可以一次又一次地不断重复某个活动，让孩子变得熟练，或者让这个活动成为他心中的最爱。

每个孩子对新的感觉输入都会产生不同的反应，所以一定要密切观察他们的反应和行为变化。比如，泰勒或许能够很轻松地应对外界的很多刺激，而洛拉却很容易变得不知所措。我相信你肯定不愿意把你的孩子推到一个不舒服的地方，所以尽量让他们放轻松。这对于前庭系统的大动作训练尤为重要，前庭系统与平衡和空间定位能力有关，而前庭神经的输入非常强大，孩子可能在初始阶段会有头晕、发脾气等延迟反应，即使他们当下看起来很享受。所以在继续下一步的活动之前，一定要认真观察并等待孩子给你的反馈。

我希望这本书能成为你学习和理解感觉系统的指南，并以孩子从未体验过的方式参与其中。我的最终目标是让你的孩子学会玩耍，而且是和你一起玩耍，和那些有触感的、有形的、有柔韧性的、能激发创造力的物体一起玩耍，这是促进他们的大脑和身体发育的最好方法。

让这份欢乐快点开始吧！

目　录
PLAY TO
PROGRESS

PLAY TO PROGRESS

第 1 章

强大的感觉系统，
孩子全面发展的根

对父母来说，没有什么比孩子的茁壮成长更为重要。如果你和我认识的大多数父母一样，一定也曾花费数不尽的时间去钻研与育儿有关的知识，你会在互联网上寻求帮助，从如何护理到如何哄睡，事无巨细。你会询问儿科医生，抑或向朋友和家人"狂轰滥炸"，问他们接下来会发生什么。你之所以会有这些担忧，是因为天下所有的父母都希望自己的孩子能够健康、快乐地长大，并在人生的各个阶段勇攀高峰。

新生儿从出生的那一刻起，就开始接收外界的各种信息，其中肌肉活动和体能训练对加强他们的感觉系统至关重要，能够帮助他们尽早做好学前准备，甚至为他们的整个人生做好铺垫。虽然我们可以在一生中不断完善自己的感觉系统，但是能够成功奠定基础的最佳时机是 0 ~ 5 岁。值得注意的是，感觉系统在孩子所做的每件事中都扮演着重要角色，因此，在这关键的几年时间里，作为父母你可以帮助孩子做很多相应的训练。在本书中，我们将对人体的八大感觉系统展开探讨。举个例子，对一个蹒跚学步的孩子来说，触觉能让他探索食物的质地，本体觉能让他把苹果片或者红薯放到嘴里，前庭觉则能让他在吃饭时保持坐直的姿势。同样的道理，如果一个大一点儿的孩子在玩黏土，那么他也需要前庭觉去保持玩耍的姿势，需要触觉去感受手中黏土的质地。在玩黏土的过程中，击打、拉拽黏土以及对黏土进行塑形等复杂的动作则是在为本体觉系统提供输入。

由于我们身边会接二连三地出现各种类型的复杂信息，所以很多父母在孩子学习和成长的过程中，总会试图去观察孩子的行为是否"正常"，并对此怀有执念。通常，父母关注的是孩子"没能做什么"，而不是"做了什么"。他们没有去庆祝眼前已经发生的那些不可思议的变化，比如，昨天孩子可能还不会翻身，今天就已经能够轻松地调整俯卧姿势。大多数父母并没有对才来到这个世界上仅仅几个月的"小小人类"保有足够的敬畏。我们热衷于向"谷歌博士"疯狂地求助，可能只是因为焦虑为何婴儿向右翻身，而不是向左翻身这样的问题。假如我们不再疑惑"为什么孩子不向左翻身"，而是花更多的时间去思考"我怎样才能帮助孩子学会向左翻身"，将会怎样呢？把孩子最喜欢的玩具放在左边这样的方法可能会更奏效！

在孩子成长的道路上，我们会有很多机会去帮助他们克服困难，实现突破，直到他们从童年的卧室搬到大学的宿舍，真正长大成人。但问题是，初为父母，没有人教给我们这些基本的策略，所以很多父母在这个过程中会感到不知所措。自然而然地，父母开始求助于最新的科技手段，它们声称能够促进孩子的生长发育，结果却是，不久之后孩子会花费几个小时的时间通过一些应用程序进行所谓的"学习"，而不是通过运用感觉系统与周围的人和事物进行互动来学习。

更为重要的是，孩子其实需要逐步发展出一种自我意识，意识到自己在这个世界上所处的位置。当孩子与他人及所处的环境进行互动时，这种自我意识会让他们感到舒适与自信。那些能够与周围的环境进行更好协调的孩子在未来的成长中也会更加自信，他们能够更自然地融入陌生的环境，比如一间新教室、一个操场或者其他活动场所，他们也能够更放松地与他人互动并融入其中。

就在几年前，孩子所需要的这些交流与互动还会自然而然地发生，它可能发生在庭院里、社区里，也可能发生在学校的操场上、自家的客厅里。但近些年，随着大家对安全问题的顾虑越来越多，许多孩子已经没有机会以我们都认为理所当然的方式去探索周围的环境了，就像在洛杉矶，现在大多数学校已经不再安装秋千。

那么，对于时间紧张的父母来说，该如何去平衡超负荷的日常生活和给予孩子最好的互动呢？那就是正确地去玩、去训练，这似乎会让父母有点儿摸不着头脑，请相信我，我完全能够理解父母的反应。但确实存在相应的方法可以帮助孩子来训练他们的感觉系统。不过在此之前，让我们一起花点时间先深入了解一下什么是感觉系统以及它们是如何发挥作用的。

通向成功的八大感觉

如果让大家列出自己所熟知的感觉，大多数人能够想到的都是我们在小时候学到的五大感觉：视觉、听觉、味觉、触觉和嗅觉。但说到感觉系统，其实还有三种很重要的感觉：运动（前庭觉）、身体认知（本体觉）和内在认知（内感受）。孩子想要健康成长，需要这八种感觉有机协调、共同作用，以帮助他们最大化地挖掘与发挥自身的潜力。

感统训练
工具箱

八大感觉系统

● 前庭觉

前庭觉负责处理我们身体的运动和平衡，用眼睛去协调头部的运动，涉及双侧协调、姿势控制和身体唤醒程度。

● 本体觉

本体觉提供我们身体在空间中所处位置的反馈，能够控制动作的力量及所承受的压力。

● 触觉

触觉让我们能够区分不同的触觉性质，如轻薄、刺痛、柔软等，能让我们识别疼痛与温度。

● 视觉

视觉让我们能够处理并理解我们在环境中所看到的信息。

● 味觉

味觉支持我们品尝和识别四种味道的能力，即甜、咸、酸、苦。

● 嗅觉

嗅觉让我们能够区分不同的气味，并辨别它们是安全且令人愉快的，如鲜花的气味，还是危险的，如烟的气味。嗅觉也可以连接到我们的情绪系统，把我们带回到记忆中，最著名的例子当属"普鲁斯特的玛德琳蛋糕"[①]。

● 听觉

听觉让我们不仅能听到，而且能辨别和理解所听到的声音，并做出适当的反应。

● 内感受

内感受能够让我们了解身体内部发生了什么，让我们知道什么时候需要去洗手间，什么时候饿了、渴了。

在本书中，我们将逐一介绍上述每一个感觉系统。但正如你从图 1-1 中所看到的，感觉系统的所有方面是相互协调的，它们共同为孩子取得成功所需要的能力打牢根基，这些能力涵盖他们的学业、运动以及人格品质等各个方面。我们的感觉系统就像树根，只有它们强大，树干和树枝才会茁壮和繁荣，如果这些树根没有得到足够的滋养，那么这个孩子可能就无法成为最好的自己。换言之，完善的感觉系统为人体其他技能的发展奠定了基础。本书的目标就是帮助孩子成功发展出强大的感觉系统，也就是我们说的"根"。这些训练从孩子刚出生时就可以开始，即使你的孩子在某个领域已经出现了某种发育困难，我们接下来要讨论的这些训练活动也能够帮助他们回到正确的轨道上。

---

① 普鲁斯特是指马塞尔·普鲁斯特（Marcel Proust），他是 20 世纪法国最伟大的小说家之一，意识流文学的先驱与大师。普鲁斯特在其代表作《追忆似水年华》中曾多次提到承载着他童年记忆的玛德琳蛋糕。——译者注

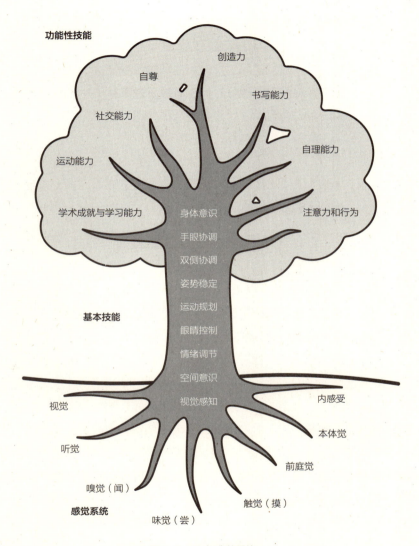

功能性技能

创造力

自尊

书写能力

社交能力

自理能力

运动能力

学术成就与学习能力　　身体意识　　注意力和行为

手眼协调

双侧协调

姿势稳定

基本技能　　运动规划

眼睛控制

情绪调节

空间意识

视觉　　视觉感知　　内感受

本体觉

听觉

前庭觉

嗅觉（闻）

触觉（摸）

感觉系统

味觉（尝）

图 1-1　八大感觉系统

什么是感觉统合，以及它为何重要

琼·爱丽丝（Jean Ayres）是一名感觉统合领域的职业治疗师，她在这一领域进行了广泛的研究，并发展出感觉统合理论。爱丽丝将感觉统合定义为一个人通过将自己的身体和环境中的各部分感觉信息组合起来，并使身体在环境中做出正确有效反应的神经过程。

让我们一起来分析下这个定义。从本质上说，感觉统合是指大脑从我们的八大感觉系统中接收到信息，并加以理解和组合，然后利用这些信息产生适当反应的过程。正如我前面所提到的，我们很少一次只应用一种感觉。当婴儿在进行感觉输入时，他们逐步学会解读环境并对其做出反应。随着与外界接触的增加，他们在处理感觉输入方面变得更加高效，这意味着每一次新的体验都会产生新的连接和理解。这些看起来似乎显而易见，但以此为基础的感觉系统对于我们骑车、阅读、在商店里穿行而不撞倒陈列架、静静地坐着和吃东西等生活琐事都是十分必要的。比如当你触摸热的物体时，你的大脑接收到这个信息，并立即发出信号，让你的手迅速从滚烫的物体上移开。我们所完成的大多数活动都需要整合来自多种感觉的信息，然后启动正确的输出模式。在这个过程中，我们既要随时调整，也要懂得区分与辨别，稍后我们将深入研究这意味着什么。

我们都知道，婴儿首先学会抬头，然后是翻身、爬行，最后学会走路。感觉系统在他们进行运动和保持姿势稳定的过程中发挥着至关重要的作用。例如，有些孩子很难在圆圈教学时保持静止，因为他们无法盘腿坐上 20 分钟；如果一个孩子在实践能力上，也就是在为他想做的事情制订计划并实现计划的能力上出现困难时，那他在运动方面可能也会有些不足，会显得笨拙与不协调。

孩子的大脑就像一块海绵，随时准备吸收他们所看到的、感觉到的和品尝到的一切，并建立起在以后的生活中使用的连接。这个过程是从一些具体的经历中逐渐发展起来的，比如与朋友在后院玩耍、在操场上奔跑或者阅读一本书，这些经历都在帮孩子的大脑建立连接。

那么，如果孩子们没有接收到各种感觉的输入，而是把大部分的玩耍时间都花费在电子玩具和一些小玩意上，会发生什么呢？简单来说，他们可能无法有效处置从环境中接收到的信息。孩子们需要与外界进行反复的互动，这种互动发生在玩耍过程中其他孩子或成年人对他的行为做出回应时。就像我对家长们说的，与孩子一起玩游戏并且和他们互动就应该跟打网球一样，有很多个来回。游戏从来都不是被动的。

我常说，我之所以对与孩子们一起工作这件事充满热情，是因为我从小就喜欢玩娃娃。同理，那些喜欢用乐高搭积木的孩子长大后可能会成为建筑师，而擅长运动的孩子长大后可能会成为教练。当然，这些直接的关联并不总是会发生，我们也不一定要引导孩子今后必须走上某条特定的道路。但最初的玩耍确实有可能埋下一颗种子。对现在的孩子来说，他们可以自由玩耍的时间比我们小时候少了很多，这样的代价是高昂的，因为他们将失去许多创新、玩乐和社交的能力。

事实上，不仅仅是孩子们失去了体会玩耍的神奇魅力的机会，陷入了超负荷的生活，父母们也变得越来越不知道该如何与孩子们一起玩耍了。对于这一点，我丝毫不感到震惊。我曾有一位客户很担心自己的孩子，因为他发现自己的孩子在操场上玩耍时跟其他孩子几乎没有什么互动。他平时会在家里和孩子一起玩乐高玩具，但不玩任何基于想象力的游戏，也没有尝试任何体育活动。如果你也遇到类似的状况，想要改变却又不知道从哪里开始，不用担心，因为你不再是一个人孤军奋战，本书将会向你介绍很多有益的游戏与活动。我们这一代人小时候，父母会允许我们独自在外面玩耍，这是刺激孩子感觉系统发育最简单有效的方法之一。但现在的父母却不放心让孩子单独在外面，孩子也就失去了在外面玩耍的快乐。在这种情况下，我们在给孩子选择玩具和活动项目时，要更加深思熟虑才能达到预期效果。与此同时，我劝父母们也不要太过紧绷，可以偶尔犯傻，玩得开心就好。

在讨论一些有趣的活动之前，让我们先一起探索一下人体的八大感觉系统，并学习如何正确开发它们。正如我前面所提到的，尽管我们将依次讨论每一个感觉系统，但在现实中它们很少是独立运作的，请记住这一点。我们做每一件事，都整合了多种感觉信息，然后对外界做出适当的反应。此外，我希望孩子具备对每一个感觉的辨别能力，如分辨出硬和软的区别，并能够对感觉输入进行有效调节，也即做出"刚刚好"的反应，既不是反应过度，也不是反应不足。

前庭觉

或许你之前没有听说过前庭觉，但你一定经常使用它。这是一个与运动相关的感觉系统。当你移动时，内耳中的液体也会随之移动，并被耳石和半规管检测到，然后将头部位置的信息发送给大脑并根据重力因素判断你所处的位置、速度与方向。也正是这个系统，让我们能够保持平衡。当一个孩子沿着路边行走时，前庭系统会与本体觉系统、视觉系统一起帮助他保持平衡。

本体觉

本体觉系统负责对我们身体在空间中所处的位置提供反馈，并且让我们能够控制动作的力量。肌肉、肌腱和关节中的感受器会传递肌肉的位置和张力大小，然后进行力量掌控与反应。它让孩子的身体能够知道如何把食物送到嘴边，如何握住蜡笔而不弄坏它。与前庭系统一样，本体觉系统与运动规划、协调方面关系最为密切。

激活本体觉会产生镇静作用，因为它有助于人体在面对其他输入的反应时进行自我组织与调节。比如，我们给婴儿奶嘴后，婴儿可以通过吮吸激活本体觉，进而帮助他们平静下来。再比如，我们可以通过荡秋千来激活孩子的前庭系统，提升体内能量，然后让他们推一辆玩具车穿过沙地或者搬一搬重物，这样的本体觉行为可以进一步帮助孩子平静下来，在孩子午睡或者晚上睡觉前做这些事特别有效。

触觉

人体的触觉感受器负责传递信息以保证我们的安全，并向我们提供关于压力、位置和身体所受刺激方面的信息，带动我们的情绪，比如疼痛还是愉悦，温度如何，以及运动信息等。触觉是感觉统合的一个重要组成部分，也是我们探讨的众多感觉之一。事实上，感觉体验如今已经成为一个流行词。你可以在社交网站上看到许多相关的创意，比如用一个装满大米和小物品的容器，让孩子去亲自感受与探索。父母要尽可能给孩子更多通过触摸来探索周围环境的机会，允许他们把自己弄得脏兮兮，让他们真正融入其中，而不是每隔几分钟就拿起婴儿湿纸巾给他们擦一擦。

视觉

视觉系统利用进入眼睛的光波，通过角膜、瞳孔和视网膜形成图像，最终到达大脑的视觉皮层。它让我们能够处理和理解我们所看到的东西，如分辨出父母的照片或自己最喜欢的蜡笔颜色。

味觉

我们的味蕾能够通过大脑来解释区分四种口味——甜、咸、酸、苦。尽量确保孩子从刚出生甚至是在母亲子宫里就开始接触各种各样的味道，让他们的味觉得以多样化，避免以后挑食。如果孩子从来没有接触过某种特定的食物或味道，那他长大以后很可能会抗拒它。

嗅觉

嗅觉是空气中飘荡的气味分子被人们鼻子里的嗅觉感受器处理，并被解释成我们所知道的气味的过程。嗅觉系统能让我们把某些气味解读为令人愉悦的，比如花香，也能提醒我们危险的存在，比如烟味。人类的嗅觉与记忆紧密相连，它能唤起强烈的情感反应。在养育孩子的过程中，记住这一点相当关键，因为气味是让孩子平静下来的有力工具。一个婴儿或者蹒跚学步的孩子通常都会喜欢一个可爱的东西，比如一条毯子或一件玩具，如果你发现同样东西的替代品并不奏效或者这件东西在洗过之后会被孩子拒绝，那通常是因为气味变了，也就是说让孩子感到安慰的是这个物件散发出来的气味。

听觉

听觉你一定熟悉。我们接收声波后，声波在内耳产生微小的振动，然后发送到大脑，被解读为语言、音乐或者警报声，来指导我们的日常生活。听觉能让我们辨别自己听到的是什么，以便产生适当的反应。如果我们在开车时听到救护车的声音，我们知道应该让一让。当孩子们在操场上听到铃声时，他们就知道应该回教室了。

内感受

最后我们要谈论的是内感受，一个没有得到应有重视的感觉系统。简单来说，内感受是我们对身体内部正在发生的事情的理解，它帮助孩子意识到自己什么时候饿了，什么时候饱了，什么时候需要去洗手间。内感受还影响人们识别自己的情绪状态是焦虑还是沮丧。《内感受：第八感觉系统》（*Interoception: The Eighth Sensory System*）一书的作者凯利·马勒（Kelly Mahler）将内感受描述为一个对"我的感觉如何"进行回答的系统。

如果孩子感觉肚子疼，他需要意识到这种紧张是因为他在期待一次留宿聚会。当涉及对自己身体的整体关注时，内感受很关键。如果孩子有内感受障碍，那么他在如厕训练、饮食调节甚至保持冷静方面都会困难重重。

我们每个人的感觉反应各有不同：你的伴侣喜欢把电视的声音开得很大，但你觉得它会分散你的注意力吗？你的某个同事在跟你说话时，你会觉得他站得离你太近吗？你是否觉得自己很难长时间坐在桌子前，或者总是感到坐立不安？这些细微的差别在成年人中很常见。如果孩子没有机会充分、定期地使用他们的感觉系统，那他们在之后的一生中可能会经历更大的挑战。不过好消息是，虽然我们一直强调感觉系统对孩子的发展至关重要，但这并不意味着你和孩子不能享受这个训练过程。

写在训练之前的话

在接下来的章节中，你会对每种感觉系统都有更多的了解，也会进入有趣的部分，也就是关于如何进行感统游戏，我将给出一些建议，让你和孩子尽可能愉快地投入活动中。但在这之前，我要再讲一讲游戏、活动空间和玩具，以及感觉输入如何影响孩子的自我调节，也就是他们管理自己的情绪和对环境的反应的能力。

孩子所处的环境对他们的性情有很大的影响。为了避免过度刺激，当你布置他们的房间或游戏区域时，有几点要记住。首先，我建议你把所有玩具都放在孩子的卧室外。孩子的卧室应该是一个平静的空间，有舒缓的颜色，墙上的物品应该很少。在床边放几本书是很棒的，但要尽量让每本书都整洁舒适。卧室对于孩子来说应该是一个安全的地方，在这里他们可以放松自己的身体并进行休息。当孩子的房间里有了玩具，他们往往会禁不住诱惑去玩，这就变成了一个玩耍的房间，而不是一个放松和睡觉的地方。如果没有游戏室或者家里空间有限，我建议你把客厅的一角专门用来存放玩具。如果这样对你来说仍有困难，不必担心，因为这个角落不需要看起来像一个杂乱的玩具店。事实上，一次只给孩子拿出少量的玩具才是最好的。

最近我去了我的客户阿伦的家，从走进去的那一刻起，我就注意到地上散落着一长串玩具。我跟着他进了客厅，我想大部分玩具都是放在客厅里的，因为我看到有三个装得满满的玩具箱子和一些散落在地板上的大件玩具。所以，当阿伦说"让我带你看看我们家的游戏室"时，我甚至感到恐慌。然后我看到了游戏室，它看起来就像龙卷风过境一样，到处都是玩具。仅仅在客厅和游戏室，阿伦就轻而易举地展示出一百多件玩具。难怪这个孩子玩一个球的时间都不会超过 30 秒。每当他发脾气的时候，他就会开始乱扔玩具。他为什么会这样呢？其实在我看来这完全是意料之中的事情，因为数量多到令人难以置信的玩具对他产生了过度的刺激。

鉴于上面这样的经历，我开始到客户家里做有关游戏室规划的工作。在与家长的谈话中，我总是提到让孩子选择更少的玩具这件事是多么的必要，每当我指定一次最多给孩子玩 10 件玩具时，我简直是瞪大了眼睛在跟他们说。如果孩子有太多的选择，他们就很难长时间坐在任何一个玩具旁边，因为他们总是会被其他玩具分散注意力。多年来，我目睹了太多孩子被游戏空间过度刺激的案例。此处可参见第 5 章，家长要学会规划空间，让孩子的感觉系统健康发育。

简约和干净才是布置游戏室最正确的办法。购买一个玩具储物柜，如果你的储物柜空间不够的话，也可以在床底下放一个储物箱，在把玩具放在储物柜和给孩子拿出来玩之间不断转换，这是一个很棒的方法。当孩子厌倦了那 10 件玩具时，就把这些玩具换成另外不同的 10 件玩具，这感觉就像每隔几周就过一次生日。

并非所有的玩具都是"生而平等"的。如果你曾经参加过我关于亲子互动的课程，就会知道我是多么相信这一点。随着科技变得越来越智能和越来越普及，就连普通的老式玩具货架上也摆满了带有最新科技的玩具。如今的玩具会发光，会发出声音，比如会嘎嘎叫，会滚动，甚至玩具也能自己动起来给孩子玩耍。这让孩子失去了发挥想象力去玩玩具的机会，孩子不用再像狮子一样吼叫，不用再推着火车在地板上移动。所以，我建议家长最好是给孩子提供他们真正能与之互动的玩具，而不是自己就能动起来的玩具。事实上，研究表明，玩那些只有基本功能的玩具，也就是那些没有电子或数码零件的玩具，更能促进孩子的语言能力发展以及父母与孩子之间的互动。

我的首选就是老式的木制玩具，无论是汽车、动物还是厨房用具，我想当你听我说这些时应该也不会感到惊讶。木制玩具看起来比塑料玩具更有造型感，而且会让家里特定的游戏区域变得更时尚。

我建议家长在房间里找个地方搭建出一个安静的角落。你可以使用一个小的圆锥形帐篷或找一处没有人使用的地方，只要能让孩子爬进去那么大就可以，比如在沙发扶手和墙壁之间。布置这个角落非常简单，尽量屏蔽进入该空间的光线和噪声。除了一条舒适的毯子或者对他们很重要的毛绒玩具，别往里面放其他东西。重要的是，永远不要把孩子强行带到这个角落里，或者让他们觉得来这里是一种惩罚。相反，要让他们觉得当自己需要休息的时候，这是一个安全的地方。

家长可以和孩子一起打造这个地方，当孩子需要冷静的时候，可以在这里和他们一起讨论问题。

针对同一种感觉的训练，既有可能帮助孩子冷静下来，比如让他们上床睡觉，也有可能有助于他们身体的唤醒，比如在没睡醒的早晨去上学，这完全取决于你用了什么方式进行训练。举例来说，速度比较快的晃动可以唤醒孩子，而舒缓的按摩可以帮助他们入睡。 我们将在接下来的内容中更深入地探讨这些问题，但这里有一些简短的建议。

无论是在孩子发脾气还是精力过剩的情况下，我们都把帮助孩子冷静下来这个过程称为"回到绿色区域"。这个术语来自一个名为"区域监管"（Zones of Regulation）的项目，它在许多学校和感觉体系的讨论中都很流行，对于家庭来说它也是很好的方法。这是一个很方便的工具，能够让所有的孩子都了解到他们的唤醒程度和情绪都与自己的身体有关。孩子们时常会因为某件事情而感到沮丧或愤怒，以至他们想要停止游戏，或者情绪上感到不堪重负（比如当父母外出约会时），或者身体上感到疲惫（比如过度劳累），想让他们从这种状态转换到有意愿继续玩下去，需要一些支持性的活动来调动和激发他们。

我们推荐的相关活动通常需要大量的工作，本书将在第 3 章中进行详细描述，同时还会介绍一些能够帮助孩子控制情绪的方法。以下是我们给父母的建议，当孩子发脾气时，你可以用这些建议适当地引导他们。

**感统训练
工具箱**

回到绿色区域

- 用一句话确认孩子的感受：

我知道这让人心烦……

我看出来你很难过……

哇，这太难了。我知道你真的很想要那个（玩具、冰激凌等）。你一定很失望吧，我明白……

- 让孩子知道你一直陪伴在他们身边，并且很爱他们。让孩子知道，如果他们需要一个拥抱，他们随时都可以得到。

我知道你现在很难过。我会给你一些空间让你平静下来，但你要知道我爱你，如果你需要拥抱，你随时可以过来。

- 给孩子空间，不要和他们说太多话，尽量依靠肢体语言，成为他们的支柱。说话可能会使他们更加失控。

● 如果有一样东西可以帮助孩子平静下来，比如对他们很重要的毛绒玩偶或一个可爱的玩具，那么把它放在孩子旁边，这样他们就能看到。但注意不要直接递给孩子，让他们自己来做。

● 给孩子空间，陪他们一起等。

● 如果孩子拿起不安全的东西，比如剪刀，轻轻地拿走这个东西，然后用平静的语气说："我想保护你的安全，所以我要拿走剪刀。"

● 一旦孩子平静下来，来到你身边，不要急着让他们整理他们在发脾气时弄得乱七八糟的东西，也不要让他们道歉，相反，你只需向他们保证你爱他们。然后你继续等待孩子完全平静下来。给他们一些时间后，你再谈论关于整理的事情，或者和他们一起去参加某个活动等。等待的时间很可能比你想象的还要长，但你要有耐心。

● 不要让孩子因为自己发了脾气而感到羞愧，也不要一整天都谈论这件事情。

　　我们可以尝试借助一些让人感到平静的感觉输入来帮助孩子放松身体。需要注意的一点是，要减少过于明亮的视觉刺激或巨大的噪声刺激，包括你谈话的声音，让孩子移动到光线较暗、感觉输入最小的房间。试试按摩或盖一条加厚的毛毯，缓慢地摇晃，深深地拥抱，降低灯光的亮度，喝一杯热牛奶或水，准备吮吸奶嘴或水瓶，听白噪声，进行适用于儿童的冥想，以上这些都可以进行尝试。教会孩子通过调整呼吸来帮助他们平静下来也是一个很

好的办法，而且这个办法甚至可以伴随他们到成年。

还有一些孩子需要能够帮助他们唤醒身体的方法。我们经常关注如何让孩子冷静下来，但忽略了有些孩子正在努力提高他们的能量水平，这样做通常是为了在课堂上集中注意力。为此，我们有必要讨论一些与警觉相关的感觉策略。荡秋千是与前庭神经相关的一种感觉输入，我们很容易理解荡秋千是如何提高能量水平的，除此之外我们也可以利用其他的感觉输入。比如，最近我最好的朋友跟我一起回忆了我们小时候在密歇根州长大的事情，每次考试之前，老师都会给我们发一块薄荷糖吃。舔一舔生柠檬，闻一闻薄荷的味道，玩一些小游戏，听响亮的音乐，打开明亮的灯，摸一摸振动的玩具或是冰冷的东西，吃脆脆的零食，这些都是能帮助孩子唤醒身体的活动。

我经常想起我的一个客户杰森。当时杰森刚刚上一年级，在学校里被公认为是一个总会感到疲惫的孩子。他课间休息时会趴在课桌上，通常不会和朋友们一起嬉笑打闹。杰森的老师很敏锐地察觉到了这一点，并认为杰森出现这种明显的低能量水平的状况与他的感觉处理有关，于是把他送到了我们这里。当杰森来了以后，我们让他荡秋千，并为他提供不同类型的强烈的感觉输入。在第一次治疗结束后，我们注意到他已经变得更愿意说话和参与活动了。杰森开始每天在上学前活动身体，随身携带柠檬精油，并在休息时做适当的运动，以保持警觉、专注和自我调节。

如果一个孩子的感觉输入过多或者不足，他可能都无法用语言来准确描述自己的感受（记住，对于孩子来说，他们不知道每一种感觉的正常状态是什么样的），他可能会感到身体失控或者不安全。这种感觉就好像一个人正处于战斗的红色警戒状态，因此无法再去注意其他任何事情。为了让大家了解这是种什么感觉，你可以这样来想象一下：你和你的伴侣正准备去度过一个期待已久的假期，到达机场后，你却找不到自己的护照了。如果在这个时候，你的伴侣却在问你"飞机落地以后想去哪里吃饭"，你自然不能把注意力集中在这个问题上，你甚至可能会崩溃。当孩子的感觉系统超负荷时，他们可以通过玩耍，并使用帮助他们感到平静的感觉输入来冷静下来。我经常提到一点，一个不会自我调节的孩子在学习方面会很困难，因为他需要不断地在体内进行自我控制与约束才能高效地学习。

为训练做准备

我对不同的感觉系统所对应的感统游戏进行了分类，并在本书最后补充了额外的针对精细运动和大肌肉运动的练习。在每个感统游戏的具体步骤之前，你会发现我为你准备的材料清单、需要多大的空间，以及完成游戏所需要的预估时间。我还提供了一些让感统游戏变得更容易或者更困难的方法，你可以按需使用。孩子的能力有差别，所以你要根据他们的能力水平来调整你的期望值，这很重要。这些感统游戏对 3 ～ 8 岁的孩子最适合，但你很有可能会遇到这种情况，一个 4 岁孩子能轻松做到的事情，对于一个 6 岁的孩子来说可能会具有挑战性。如果孩子在某个感统游戏上遇到困难，不要强迫他，你可以尝试使用更简单的版本或者尝试其他的游戏。我们在相关课程中一直做的就是，根据每个孩子能够完成的任务情况来量身定制游戏。最后，我还提及了一些婴儿活动，让你最小的孩子也能参与到感觉系统的训练中来。

准备工作很简单。我建议大家选择一个指定的玩耍区域，客厅的角落，厨房的桌子，或者游戏室都可以。一些活动为了趣味性，可能会让周围变得很乱，所以尽量穿你不介意弄脏的衣服，或者用一条旧毛巾铺在游戏区域。你不必把每个感统游戏都完成，甚至不必按顺序去做。不过我鼓励你从每一章里都挑选一些做尝试，这样你就能确保孩子所有的感觉系统都能被调动起来。也请注意，尽管每个感统游戏都被列在一种特定的感觉系统之下，但这个游戏也可能涉及其他的感觉系统，因为大多数活动涉及的都不止一种感觉。例如，在蹦床上跳跃提供了本体觉和前庭觉的输入，上下跳跃的动作触

发了对肌肉的作用力，这是本体觉的输入，同时内耳对上下跳跃的运动做出
反应和调整，这是前庭觉的输入。

关于安全方面的建议

- 确保有一个开阔的空间，这个空间里没有家具或其他尖锐的物体。有些活动需要身体的平衡和协调，我们希望确保每个人的安全！

- 在任何移动的物体如滑板车上活动时，都要记得戴头盔。

- 确保使用的是无毒无害的、对儿童来说安全的艺术材料。

- 有些物品有窒息危险，所以请将它们放在孩子够不到的地方。

- 注意孩子给你的反馈与暗示。感觉系统通常是敏感的，我们不要做得太过火。

浏览每一章，找到你和孩子最喜欢，并且符合你们的空间和时间要求的游戏。虽然所有的游戏对任何 3 ～ 8 岁的孩子都是"好"的，但这里的"好"是指你们感到有趣和享受，如果你觉得完成它就像做家庭作业，那就尝试做其他的。

当你和孩子玩的时候，还有一些通用的指导原则和经验：即使只陪孩子玩 15 分钟，也请你试着放下手机，把它调成振动或静音。我知道这很难做到，因为工作总是让你的手机嗡嗡作响，但即使是 15 分钟，一对一的关注对孩子来说也会很受益。我的最后一个建议是，释放你的童心，让自己像一个 5 岁的孩子。你可能看起来会变得有点儿蠢。我经常看到有些父母会犹豫，担心自己会难堪，但我保证，真正地释放自己，对你来说也是一种宣

泄。向孩子展示游戏是如何玩的，他们马上就会过来和你一起玩。你们将在
一起创造非常美好的时刻，这不仅能够加强你和孩子之间的联结，还会帮助
孩子走向成功的道路。

PLAY TO
PROGRESS

第 2 章

前庭觉

身体平衡了才能集中注意力

前庭觉是人类最重要的感觉之一，因为它负责掌管人体与重力之间的联结关系，也就是说，当我们移动时，前庭觉能让我们感知到自己头部的位置。因此，前庭觉影响着人类的平衡能力、姿势、自我调节与协调能力。所有的孩子都需要前庭觉的正常发育，才能够完成坐直、抄写板书、拍球、吃午饭等动作。任何需要协调运动的活动在某种程度上都与前庭系统有关。

前庭系统是如何工作的

人体内耳中的半规管和耳石器官对运动很敏感，并向大脑提供关于身体所处状态的信息（如直立、躺下、移动）。这些信息会促使我们对环境做出适当的反应，让我们保持平衡，协调我们的行动。如果你曾经有过晕车的感觉或有过内耳感染，你就会知道前庭觉与身体其他部位不同步是什么感受。你可能会感到头晕、脚站不稳、身体不协调以及身体不适（见图2-1）。

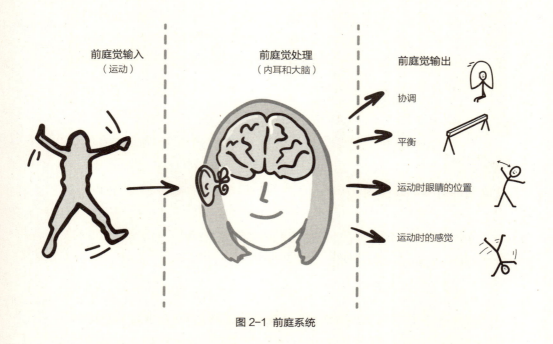

前庭觉输入　　　　前庭觉处理　　　　　前庭觉输出
（运动）　　　　（内耳和大脑）

协调

平衡

运动时眼睛的位置

运动时的感觉

图 2-1　前庭系统

当前庭系统正常工作时，多数时候我们对此是无意识的。我们不会考虑骑自行车、保持平衡或翻跟头时需要做什么，而是自然而然地就做了。孩子们需要有规律地刺激前庭系统，以建立该系统与重力的关系，保证他们可以舒适地参与到各种运动中。

对孩子们来说，所有感觉系统的发育都需要不断强化，而这主要是通过玩耍来实现的，前庭系统的发育也不例外。孩子们拥有的经验越多，他们在做这些事的时候获得的乐趣越多，他们前庭觉的发育就会越好。由于前庭神经是感觉系统的重要组成部分，即使是婴儿也能从前庭神经活动中受益，我们可以通过帮助他们翻身或轻轻摇晃刺激他们的前庭神经。

前庭觉可以帮助孩子在一天里可能遇到的各种环境和参与的各种活动中感到安全，比如坐在餐桌旁，爬上攀爬架，加入跳绳游戏。当孩子对自己的身体与重力的关系有了一定的认知时，尤其是当他们的脚离开地面时，他们在各种活动、游戏和运动中就会有更大的信心。这种自信会扩展到其他领域。如果他们对自己的行动方面有信心，通常他们也会对自己的整体充满信心。在课间休息玩耍时，他们会更快地参与进来，更有可能被同龄人认为是外向的领导者，他们的自我感觉也更好。

在教室里，前庭系统能够让孩子眼睛的视线很容易地从一个物体移动到另一个物体，从位于教室前方的老师移动到他们桌子上的一张纸，而不需要做大幅度的身体调整或头部移动。这让他们即使在头部移动时也能保持凝视，就像芭蕾舞演员在做脚尖旋转时一直盯着一个固定的点一样。前庭觉有助于注意力的调节，能让我们保持清醒。此外，它还有助于手眼的协调，而手眼协调对于运动和书写都至关重要。

如果孩子的前庭觉不发达，在学校里他们可能会因想要努力坐直而无法完全集中注意力听老师讲课。他们可能会坐立不安，四处走动，从而被训斥。你必须动一动，所以你无法在一整节课中都保持某个姿势，这种感觉你能想象吗？只是因为跟随本能就陷入麻烦的境地，受到责骂，而这些经常性的责骂会深深地影响孩子的自尊心。

他们也可能难以和小朋友们一起玩游戏或者参与体育活动，这样不仅错失了玩耍的乐趣，也错过了团队合作与友谊，这同样会打击他们的自信心。对成年人来说，能够跳绳、踢球或侧翻似乎并不重要，但这些活动对于在这些方面有困难的孩子们来说却很重要，因为他们在操场上可能会被排挤。对自己的身体能力缺乏信心，会让他们在决定是否加入活动时犹豫不决，所以他们经常独自玩耍。健康的前庭觉能在很多方面支持孩子的独立性，有助于孩子掌握许多技能，如大声朗读黑板上的文字、弯腰系鞋带以及在课间和小朋友们玩捉迷藏的游戏。操场上那些自信的孩子通常都是协调性好的孩子。

前庭觉以及其他感觉系统发达的孩子，能够毫无障碍地调整自己的行为，能顺利地从剧烈运动状态过渡到安静的状态。相反，如果他们无法自如地切换与过渡，就会因为运动而导致调节不良，进而出现上课分心甚至是发怒的情况。前庭系统发育良好的孩子在学校会更成功，他们能享受玩耍，并且能更好地与朋友、家人和周围的世界互动。前庭系统的其他功能还包括以下几个方面。

唤醒水平： 适当的唤醒水平对孩子静坐、集中注意力、社交、解决问题和学习都是十分必要的，前庭觉输入对此有很大的影响。轻微的前庭觉输入，比如缓慢摇晃，可以让孩子平静下来，而剧烈的前庭觉输入，比如旋转，通常可以增加孩子的能量水平，达到一些父母所说的亢奋状态，有些孩子可能会变得有点儿不听话。当一个唤醒调节异常的孩子变得爱捣乱时，老师可能会给他们贴上"坏孩子"的标签，可悲的是，孩子们常常把这种标签记在心里。

前庭—眼反射： 当头部和身体移动时，无论是跳舞、运球还是抄板书，前庭—眼反射都能够帮助我们稳定视线。这种反射能够让孩子在奔跑时保持目光稳定，无论是在家里、在教室，还是在操场上，都能安全且成功地通过他们所处的环境。

协调性： 我之前提到过前庭系统是如何影响人体协调性的，因为我们与重力的关系会影响我们在空间和运动中的位置意识。我们也会在本书中关注双侧协调，也就是协调使用身体两侧的能力。在骑自行车、爬楼梯、穿衣服和做运动时，胳膊和腿必须同步工作。在学校，孩子需要双侧协调来书写、剪纸（一只手拿着纸，一只手用剪刀）和画画等。

如果孩子在与重力的关系中挣扎，对自己的身体协调性不自信，他可能就会感到不自在或者尴尬，这会直接影响他的自信心与自尊心。当孩子的身体不舒服时，他的行为可能表现为两个极端：他有可能变得具有破坏性，无法安静地坐着；或者可能会自我封闭，变得过于安静。孤僻的孩子经常被忽视，因为他们表现得"很好"，不会在课堂上惹麻烦，所以似乎不需要帮助，但实际上他们需要获得和那些爱捣乱的同龄人一样多的关注。

核心力量和姿势力量：核心肌肉和保持姿势的肌肉，也就是位于背部、腹部和骨盆位置的肌肉，对于运动、游戏、静坐和直立都是十分必要的，无论是对在圆圈教学时间站在地板上，还是在用餐时间坐在椅子上来说都是如此。前庭系统能够影响保持姿势的肌肉的整体张力，帮助我们对抗重力，稳定头部以保持我们的姿势。这意味着，如果孩子站着或坐着不动，比如排队上厕所或者围成一圈，这些肌肉会让他们保持直立。

我们的前庭系统从来不是单独工作的，本体觉系统也对人体的整体姿势有影响。如果不能很好地控制姿势，孩子就可能会靠在同学身上或家具上，或者在圆圈教学时间躺下，这些都会让他们陷入困扰。他们还可能频繁地四处走动以调整和纠正自己的姿势，这可能会分散他们的注意力，也会让其他学生分心，并给他们带来麻烦。有些被此困扰的孩子似乎总是在动。

平衡性：平衡性是指在移动时保持重心的能力，包括向上、向下、向左、向右、向前、向后地移动。平衡性是所有运动和活动的关键组成部分，也是孩子们在社交活动时所需要的关键能力，无论是自由的操场活动，踢球，还是参加体育比赛，都需要良好的平衡性。

前庭觉的关键作用

前庭觉辨别：一个孩子如果很难分辨出自己在重力作用下的位置（直立，没精打采地站立，倾斜）以及他移动的速度有多快，那么他在日常生活和课堂上就会遇到麻烦。他可能比其他孩子走得快得多，却没有意识到自己的速度，因为他无法感觉到自己的身体是快还是慢。如果他绊倒了，他可能无法感知自己倒下的方向，无法进行自我保护，从而摔断手臂。他也可能显得有些笨拙。

前庭觉调节： 所谓调节就是对感觉输入做出正确的反应。我们需要的不是过大或过小的反应，我们需要的是与感觉输入相匹配的反应。当孩子对运动没有恰当的反应时，他们可能因为害怕身体活动或害怕让脚离开地面而不敢跳、不敢摇摆或攀爬，他们的谨慎影响了他们的能力，使他们无法与其他孩子一起玩耍或享受操场上的快乐。这就是对前庭觉输入反应过度，对他们来说，双脚离开地面的感觉很可怕。

另一种类型是，有些孩子需要比其他孩子做更多的运动来找到一个合适的身体唤醒水平，这就是对前庭觉输入反应迟钝。他们可能看起来很懒，昏昏欲睡，没有起床的动力，但一旦你让他们荡秋千或跳来跳去，他们的精神状态就会有所变化。这是因为他们比一般的孩子需要更多的运动才能保持精力充沛，并参与到正在发生的事情中来。

还有些孩子渴望得到前庭觉输入。他们可能比其他孩子更活跃，或行为更冲动，当他们从沙发上跳下来或者越过桌子时缺乏安全意识。圆圈教学、逛超市以及任何需要他们坐着不动的任务对他们来说都很棘手，他们永远觉得运动量不够，因为他们总是渴望前庭觉输入。

前庭觉训练活动

以下这些活动可以令人振奋，所以很重要的一点是，不要让孩子在做这些活动时过于兴奋。这种振奋作用可以"唤醒"不太活跃甚至有萎靡不振倾向、精力不充沛或喜欢靠在物体上寻求支撑的孩子。如果他们看起来过于兴奋，可以尝试做一个本体觉活动（见第 3 章）来让他们接受调节，平静下来。这些训练活动也可能会有延迟性的影响，这意味着孩子会在活动结束后感觉到作用。如果你曾经在游乐园玩耍过，有的项目就会让你在玩的过程中和刚刚玩完之后感觉很好，但几分钟后你就会头晕。所以慢慢来，跟孩子确认一下他们的感觉，如果他们有任何不舒服的地方就停下来。从他们的身体中寻找线索，因为他们可能无法用语言来表达自己的感受。他们可能会感到头晕或恶心，或者他们的精力和行为可能出现"无法承受"或"亢奋"的状态。

最后，我还要强调的是，因为前庭觉训练活动需要一定的运动空间，所以一定要及时清理孩子玩耍的空间，确保他们不会撞到家具或其他物体。

下犬式画画

1 + 2   3 + 4 + 5   （可选）(optional)

★ **游戏说明：** 这个游戏是一种培养孩子创造力和精细动作的训练，能让孩子在打发时间的时候玩得开心。所有年龄段的孩子都会喜欢。

★ **材料：** 粉笔、蜡笔、颜料或马克笔，纸。

★ **所需空间：** 小。

★ **时间：** 5 ～ 15 分钟。

★ **准备工作：** 在地板上放一张大一点儿的纸和所选择的画画用具。

★**步骤1：**让孩子做一个下犬式动作（双脚分开，与肩同宽，腰部弯曲，手触地，整个身体形成∨形），或者双腿前屈。

★**步骤2：**把纸和蜡笔或马克笔放在孩子手前面大约8厘米的地方。

★**步骤3：**让孩子把他们的非惯用手放在地板上。

★**步骤4：**让他们用习惯用的那只手拿起蜡笔或马克笔。

★**步骤5：**开始画画，并看着他们创作自己的杰作！

让它变得更简单一点：让孩子中间休息一下，在下犬式画画和趴在地上画画两种方式之间交替切换。

让它变得更难一点：把画画用具放在孩子面前大约0.3米的地方。要求他们保持双脚不动，双手向前移动去拿画笔，然后再回到原来的位置。这样能够锻炼孩子的核心力量，因为他们为了够到画笔需要将手移动到前方的位置。

婴儿可参与活动：把颜料放在密封的保鲜袋里，如果你喜欢，可以加一些闪光粉，然后用胶带封住。让宝宝趴着，让他们用手移动袋子里的颜料。

额外训练到的部位/能力：本体觉，精细运动。

马铃薯滚袋比赛

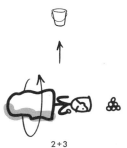

1   2 + 3   4

★**游戏说明：**滚袋比赛不仅能为你们带来欢笑，还有助于前庭系统的发育。这个游戏可能会让孩子感觉有点儿晕眩，所以注意他们的状态，必要时就休息一下。

★**材料：**装土豆的袋子或连体衣，小球或装豆子的布袋，水桶或洗衣篮，计时器（可选）。

★**所需空间：**大。

★**时间：**10 ～ 15 分钟。

★**准备工作：**在比赛区域的起点，放置一堆球、装豆子的布袋或其他小型便携物品，在终点放置一个水桶或洗衣篮。

★**步骤 1：**让孩子钻进土豆袋子或穿上连体衣。

★**步骤 2：**孩子要选择一个随身携带的物品，并带到比赛区域的终点。

★**步骤 3：**让孩子躺在地上，以最快的速度滚向水桶，一边滚一边抓着携带的物品。

★**步骤 4：**到终点后，站起来，把携带的物品放进桶里。

★**步骤 5：**接下来滚回起点。

★**步骤 6：**重复步骤 1～5，直到把所有物品都放进桶里。

让它变得更简单一点：不使用装土豆的袋子或连体衣，只需让孩子用他们的身体直接滚动即可。

让它变得更难一点：让这个游戏成为一场比赛，并记录孩子能多快地把球或布袋放进桶里。和朋友们一起玩，看看谁能最快完成任务，或者让两个孩子比赛。

婴儿可参与活动：只要你的孩子已经会走路了，就可以让他参与，跑着或走着把布袋放到篮子里。

额外训练到的部位 / 能力：实践能力。

倒立拼图

1   2+3   4+5

★**游戏说明：**这是一个具有挑战性的游戏，让孩子们以一种全新的方式完成拼图游戏挑战。它能锻炼孩子在学校圆圈教学时间静坐所需的肌肉力量。注意：此活动需要成年人全程协助。

★材料：智力拼图玩具或其他孩子喜欢的可组装／多部件玩具，小桌子（儿童尺寸）或椅子，瑜伽球。

★所需空间：小。

★时间：10～15 分钟。

★准备工作：将拼图玩具放在瑜伽球后面的地板上，在瑜伽球的前面放置一个适用于儿童大小的桌子或椅子。当孩子坐在瑜伽球上时，要确保桌子或椅子的高度与孩子的腹部持平。把拼图玩具的外框放在桌上，孩子向后伸手抓起地板上的拼图碎片，然后把拼图放在桌子上进行拼接。

★步骤 1：让孩子坐在球的顶部，你支撑着他们的膝盖或大腿。（在活动期间，儿童需由成年人看护完成。）

★步骤 2：让孩子慢慢向后仰，让他们在球上呈拱状姿势。

★步骤 3：让孩子把手伸向头顶，抓住一块拼图。

★步骤 4：让孩子重新坐在球上。鼓励孩子在坐起来的时候避免用手臂去支撑，就像做仰卧起坐一样，这个动作会让他们的腹部肌肉更强壮。

★步骤 5：等孩子站起来后，把拼图放到桌子上该放的地方。

★步骤 6：重复步骤 1～5，直到完成整块拼图。

让它变得更简单一点：让孩子俯卧在球上（而不是坐在球上，向后倾斜）来抓拼图。他们可以站起来，转身去组装拼图。

让它变得更难一点：当孩子仰卧在球上时，可以要求他们在准备坐起来时双手交叉放在胸前，使其更像是一种核心力量的锻炼。

婴儿可参与活动：抱着宝宝，让他在球上弹跳，家长必须扶着他。把宝宝的肚子放在球上，轻轻地前后摇晃。

额外训练到的部位／能力：视觉，精细运动。

反向保龄球运动

| 1 | 2＋3 | 4＋5 |

★**游戏说明：**让孩子们自己用积木搭建一座"塔"，然后让一个球飞快地朝这座积木塔滚去。

★**材料：**大块积木、保龄球，或者孩子喜欢的其他可堆放的玩具、足以打翻这座小塔的球，平衡板（可选）。

★**所需空间：**小。

★**时间：** 5 ～ 10 分钟。

★**准备工作：** 在房间的一侧放置好积木，准备开始搭建。

★**步骤 1：** 让孩子把积木搭建成一座塔。

★**步骤 2：** 让他们站到距离积木塔 1.5 ～ 3 米的地方，并背对着塔。

★**步骤 3：** 让他们拿起球。

★**步骤 4：** 准备扔球时，让孩子两腿伸直，超过肩宽，弯腰，保持膝盖伸直。

★**步骤 5：** 从两腿之间的空隙将球朝着积木塔扔出去。

★**步骤 6：** 重复步骤 5，直到整个塔被推倒。重复步骤 1 ～ 5，重新建造塔，循环往复。

让它变得更简单一点： 站在距离塔前 0.3 ～ 0.6 米，而不是 1.5 ～ 3 米的地方。

让它变得更难一点： 让孩子在建造塔的时候站在一块平衡板上，这样在他们建造塔的时候能够锻炼平衡力和核心肌肉的力量。

婴儿可参与活动： 父母可以让年龄大一点儿的孩子搭一座塔，然后父母抱着婴儿，让婴儿把脚伸过去踢倒这座塔，也可以让婴儿爬过去把塔推倒。婴儿也可以通过滚动一个球把积木塔打散。

额外训练到的部位 / 能力： 实践能力。

滑板曲棍球

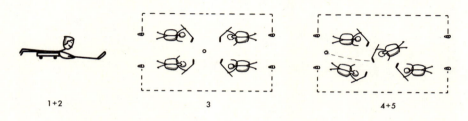

1+2　　　　　　　　3　　　　　　　　4+5

★**游戏说明：**家里没有溜冰场？没关系！你可以用滑板车代替溜冰鞋，为比赛做好准备。

★**材料：**滑板车（每个孩子一个），用来设立球门的 4 个锥形体或其他形状的物体（两个锥形体形成一个球门），室内曲棍球杆或切割成合适大小的游泳浮条，小球或室内冰球。

★**所需空间：**中型到大型。

★**时间：**20 ～ 25 分钟。

★**准备工作：**在房间或所选空间的两侧分别放置两个锥形体，间隔约 3 米，用来设置球门。明确指定哪些地方为禁区，这样就可以保证孩子们能一直待在规定的赛场上。

★**步骤 1：**将孩子们分队，并给每个球队分配球门。一对一或二对二是最好的。当然，这个游戏也可以一个人单独完成。

★**步骤 2：**每个孩子都趴在场地中间的滑板车上（两队与球门之间的距离相等），并面对面。每个孩子都要有一个曲棍球杆。

★步骤 3：把一个球放在两队中间，你作为裁判离场并宣布："比赛开始！"

★步骤 4：孩子们俯身趴在滑板车上，用手和脚向前推动自己，然后用球杆试着把球打入对方的球门。提醒他们球杆只能用来击球。

★步骤 5：一旦某个球队得分，就把他们拉回中场，开始下一局比赛。

★步骤 6：让孩子们玩规定的一段时间，或者直到某个球队达到特定的比分。

让它变得更简单一点：不使用曲棍球杆，让孩子们用手击球，提醒孩子们要小心，手指被滑板车碾过会很疼。你也可以用一个更大的球，这样他们能更容易操控它。

让它变得更难一点：只用手推动滑板车，禁止用脚。

额外训练到的部位 / 能力：本体觉，视觉，实践能力。

● ● ● ● ● ● ●　滑板车发射运动　● ● ● ● ● ● ●

1+2+3　　　　　　　4　　　　　　　5

★**游戏说明：**这是一个很好玩并且能带给孩子奇妙感受的游戏，玩滑板车是一项可以带来前庭觉输入的极好的运动。

★**材料：**大约 3 米长的结实绳子，滑板车，头盔，呼啦圈（可选）。

★**所需空间：**大。

★**时间：**5 ～ 10 分钟。

★**准备工作：**把绳子系在门或坚固的物体表面，让孩子往关门的方向拉。一定要让孩子戴上头盔。

★**步骤 1：**让孩子戴上头盔，面向门趴在滑板车上。他们离门的距离和绳子的长度一样。

★**步骤 2：**把绳子递给他们，告诉他们用双手抓住绳子。

★**步骤 3：**让孩子用绳子把自己拉到门口。

★**步骤 4：**到达门口后，让孩子双手抵在门上。

★**步骤 5：**发射时间到了！他们要用力推门，使自己向后退。

★**步骤 6：**重复步骤 1 ～ 5。

让它变得更简单一点：不用把绳子系在门上，当孩子趴在滑板车上时，家长用绳子或呼啦圈把他们拉过来。

让它变得更难一点：待孩子到达门口后，让他们翻身（身体仍然在滑板车上），翻过身后用他们的脚而不是手发射。

额外训练到的部位 / 能力： 本体觉。

● ● ● ● ● ● ● ● 旋转和投射 ● ● ● ● ● ● ● ●

★游戏说明： 办公椅是一种无须摆动就能获得强烈前庭觉输入的运动道具。旋转和投射都可以提供强有力的输入，所以要注意孩子给你的暗示，确保中途能随时休息，并时刻检查孩子的感受。

以下几点也需要关注：

- 前庭觉输入的影响可能会有延迟，所以一开始要慢慢来。

- 很重要的一点是，旋转时要保证兼顾顺时针和逆时针两个方向，这样才能让孩子的两个耳道都能得到相同的前庭觉输入。

- 在这个活动之后，选择一个本体觉类型的活动（见本书第 3 章）让孩子去做，这样有助于孩子的整体调节。

★材料： 带轮子的坚固的办公椅（旋转办公椅），水桶，球。

★所需空间： 中等。

★时间： 5 ～ 10 分钟。

★准备工作： 将办公椅放在一个开阔的地方，确保不会在游戏中撞到任何东西。把一个大水桶放在离办公椅约 1 米左右的地方。

★步骤 1： 让孩子坐在办公椅上。

★**步骤 2：** 把球放在孩子的膝盖上。

★**步骤 3：** 一个成年人负责顺时针旋转椅子，但不要太快。

★**步骤 4：** 当椅子旋转时，孩子要尝试把球扔进桶里。

★**步骤 5：** 重复步骤 1～4，这一次是逆时针方向旋转椅子。

让它变得更简单一点： 不要一边旋转一边让孩子扔球，而是缓慢、平稳地旋转椅子 10 次，然后让椅子停下来，这时再让孩子试着把球扔进桶里。在休息后确保孩子不头晕时，让他们坐在椅子上向相反的方向旋转扔球。

让它变得更难一点： 当孩子在椅子上旋转时，你可以拿着水桶四处走动，制造一个移动的目标。

婴儿可参与活动： 当你坐在转椅上时，让宝宝坐在你的大腿上。慢慢地顺时针旋转 5 次，然后逆时针旋转 5 次。

额外训练到的部位 / 能力： 视觉。

"飞向宇宙，浩瀚无垠"

1   2   3 + 4

★**游戏说明：**"飞向宇宙，浩瀚无垠"是巴斯光年经常说的台词。虽然这个游戏并不是受《玩具总动员》的启发而设计，但是你可以告诉孩子这个游戏对他们的成长真的很有帮助。

★**材料：**胶带或粉笔，自行车或滑板车，头盔。

★**所需空间：**大。

★**时间：**15 ～ 20 分钟。

★**准备工作：**在车道上用粉笔画一个大的无穷符号（∞），或在家里比较大的开放区域的地上用胶带粘出这个形状。

★**步骤 1：**让孩子戴上头盔，做好准备。

★**步骤 2：**让孩子移动到无穷符号的中间位置，选择使用自行车或滑板车都行。

★**步骤 3：**让孩子骑自行车或滑板车沿着无穷符号移动，并保证在这个过程中不失去平衡，同时不能离线太远。

★**步骤 4：**让孩子尽可能多地重复步骤 1 ～ 3。

让它变得更简单一点：让孩子步行绕着这个无穷符号走，不用骑自行车。

让它变得更难一点：让孩子绕着无穷符号后退，但不能离这条线太远。

婴儿可参与活动：一旦宝宝会走路了，你就可以轻轻地牵着他的手，和他沿着无穷符号的线慢慢散步。

额外训练到的部位 / 能力：实践能力。

室内扫帚滑冰运动

1+2

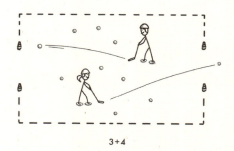

3+4

★**游戏说明：**这是一个非常不错且具有挑战性的活动，尤其是被迫待在室内的时候。

★**材料：**8～10个小球，用来做2个球门的4个锥形体或其他物品，适合儿童用的扫帚或曲棍球杆（每个孩子1个），头盔，咖啡过滤纸或纸盘（每个孩子2个）、剃须膏或能产生泡沫的肥皂（可选）。

★**所需空间：**大。

★**时间：**35～40分钟。

★**准备工作：**每个孩子的每只脚都要踩在一个纸盘或咖啡过滤纸上。在房间的两边分别设置2个球门。在比赛场地的中间区域投下8～10个球。这个活动适合一对一比赛，但也可以一个人玩（让孩子把所有的球射进一个球门）。

★**备选操作：** 在游戏区域喷洒剃须膏可以获得额外的打滑乐趣。但是一定要小心！因为它可能比你想象的更滑。喷洒前要检查一下，确保剃须膏不会损坏地板。

★**步骤 1：** 让每个孩子都戴上头盔。他们要站在咖啡过滤纸或纸盘子上（每只脚踩一个），这相当于是他们的"溜冰鞋"。

★**步骤 2：** 把孩子们分成 2 个小组，并确定每个小组所对应的球门。

★**步骤 3：** 让两个小组在比赛区域的中间位置对峙。

★**步骤 4：** 孩子使用扫帚或曲棍球杆，并通过纸盘在比赛场地"滑行"，尽可能多地在不摔倒的情况下把球打进对方的球门。

★**步骤 5：** 重复步骤 1 ～ 4，孩子想玩多少次就玩多少次。

让它变得更简单一点： 让孩子们用脚移动球，而不是用扫帚或曲棍球杆。

让它变得更难一点： 只使用一个球，让它更像传统的曲棍球比赛。

婴儿可参与活动： 把剃须膏喷在地板或垫子或一次性桌布上，让宝宝从上面爬过去，家长要确保没有东西进入他的嘴里。

额外训练到的部位 / 能力： 本体觉，实践能力。

DIY 平衡板套圈

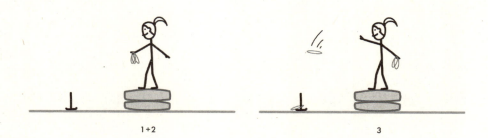

1+2   3

★**游戏说明：**保持平衡可是一个充满挑战的动作，平衡板是训练平衡能力的绝佳方式。但你并不需要去商店买一个昂贵的平衡板，用家里现有的材料很容易就可以做一个。

★**材料：**1～2个大沙发垫，立式卷纸架，尺寸与纸巾架大小相匹配的圆圈，或者你可以剪掉纸盘的中心自制一个。

★**所需空间：**小。需要注意的是，虽然只需一个不大的空间，但孩子有可能会跌倒，所以要确保这个空间里没有能伤到孩子的障碍物。

★**时间：**10～15分钟。

★**准备工作：**将沙发垫放在地上。你可以把2个沙发垫摞在一起，这样平衡起来就更难了。把卷纸架放在垫子前面0.6～1.2米的地方。

★**步骤1：**让孩子站在垫子上。

★**步骤2：**告诉他们尽量要保持平衡，不要摔倒或手扶地面。

★**步骤3：**在保持平衡的同时，让孩子扔圆圈，试着让它们落在卷纸架上，就像套圈游戏一样。

★步骤 4：重复步骤 1～3。

让它变得更简单一点：让孩子扶着一个稳定的表面，比如墙，然后保持平衡。

让它变得更难一点：把圆圈放在地板上，让孩子弯腰把它们捡起来，同时在垫子上保持平衡，然后再扔。

婴儿可参与活动：撤掉平衡板，让宝宝直接把圆圈放在卷纸架上。让他慢慢地爬到卷纸架所在的位置。

额外训练到的部位 / 能力：视觉。

● ● ● ● ● ● ● ● ● 　　花式荡秋千　　 ● ● ● ● ● ● ● ● ●

★游戏说明：在公园或在家里荡秋千是一个相当理想的活动。荡秋千是给孩子提供前庭觉输入非常神奇的活动，而且荡秋千的方式有很多。让我们跳出思维定式。

★材料：院子或操场里的秋千。

★所需空间：院子或操场。

★时间：15～20 分钟。

★准备工作：只要你有一个秋千就可以。

★**步骤 1：**让孩子趴在秋千上，然后向前奔跑，等到他们跑到秋千允许他们跑的最远的地方时，抬起双脚。鼓励他们腹部着力来回飞行，并保持双脚抬起。

★**步骤 2：**让孩子坐在秋千上，以最快的速度旋转秋千。链条可能会扭起来，没关系，只需要保持旋转即可，直到链条解开。确保孩子也朝另一个方向旋转。

★**步骤 3：**让孩子站在秋千上，来回摇摆开保持平衡。

★**步骤 4：**接下来，让孩子跨坐在秋千的两边，像骑马一样骑着荡秋千。

让它变得更简单一点：孩子坐在秋千上，你来推。这是最经典的玩法。

让它变得更难一点：让孩子在荡秋千的过程中向目标对象投掷一个球或布袋，目标对象可以是能够接住孩子扔过来的球或布袋的父母。

婴儿可参与活动：在大小合适的秋千上轻轻地摇晃宝宝。或者你可以让宝宝坐在足球上，并左右摇晃他们。

额外训练到的部位 / 能力：本体觉，实践能力。

击打沙滩球

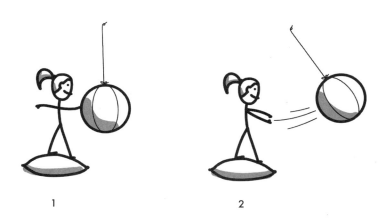

1　　　　　　　　　　2

★ **游戏说明：**谁说沙滩球只能在夏天玩？掌握了这个游戏的玩法，你随时都可以玩起来！

★ **材料：**带绳子的沙滩球或气球，沙发垫。

★ **所需空间：**大的开放空间。

★ **时间：**5 分钟。

★ **准备工作：**把沙滩球挂在天花板或门口，如果你在室外，也可以挂在树枝上。把沙发垫放在离悬挂的沙滩球约 15 厘米的地方，或者可以把两个沙发垫摞在一起让游戏变得更有挑战性。

★ **步骤 1：**让孩子站在沙发垫上。

★ **步骤 2：**让孩子在保持平衡的同时来回击球。

让它变得更简单一点：不用沙发垫，让孩子直接站在地面上。

让它变得更难一点：让孩子在来回击球的同时唱字母歌或其他歌曲。

婴儿可参与活动：把沙滩球放在地上，让宝宝坐在地上来回击球。

额外训练到的部位／能力：视觉，本体觉。

花式滑滑梯

★ **游戏说明：**有人说滑滑梯只有一种方式，但其实滑滑梯有很多种方式。

★ **材料：**操场或庭院里的滑梯。

★ **所需空间：**院子或操场。

★ **时间：**5 分钟。

★ **准备工作：**只要有滑梯就可以了，其他的无须准备。

★ **步骤 1：**让孩子爬到滑梯顶部。

★ **步骤 2：**让孩子仰面躺着，头冲下。

★ **步骤 3：**让孩子滑下滑梯。家长在滑梯下面等着，这样就可以接住他们了。

让它变得更简单一点：让孩子坐在滑梯上，然后用屁股往下滑。

让它变得更难一点：在确保安全的前提下，可以让孩子闭着眼睛滑下来。

婴儿可参与活动：把宝宝放在你的膝盖上，抱着他一起滑滑梯。

额外训练到的部位 / 能力：实践能力。

其他前庭觉训练活动

你可以想一些大型的活动来调动孩子的活跃性，并且在做的过程中获得乐趣。去公园是最好的选择，也不需要任何额外的东西。

庭院 / 户外游戏	桌上游戏和其他类别游戏
▶ 骑自行车。	▶ 玩乌龟壳平衡训练器。
▶ 瑜伽球弹跳。	▶ 坐感统旋转椅。
▶ 做体操。	▶ 玩木制平衡板。
▶ 滑冰。	
▶ 坐过山车。	
▶ 滑滑板车。	
▶ 荡秋千。	
▶ 蹦蹦床。	

PLAY TO
PROGRESS

第 3 章

本体觉

掌控身体，自制力更强

　　我在前文提过，在做完前庭觉的训练活动后，就需要本体觉活动出场了。强烈的前庭觉输入提高了孩子的唤醒水平，而这可能会让一些孩子出现吵闹行为，本体觉系统可以帮助他们进行调节，使他们在睡觉、上学或去超市的时候能够保持平静。如果说前庭系统是关于运动以及人体与重力关系的系统，那本体觉系统则关乎身体意识以及我们对自己与周围环境关系的理解。

　　本体觉系统影响人的协调、身体意识和力量调节能力（见图 3-1），比如在投球、拥抱或击掌时都应使用适当的力量，不应过大或过小。本体觉系统与前庭系统密切合作，以保持对姿势的控制和身体的平衡。所有的孩子都需要通过健康的本体觉来适应环境。良好的本体觉能让孩子在操场上奔跑而

不会撞到设施或其他孩子，让他们在打棒球时能够调整动作进行投掷，就连
早上穿衣服时孩子也会用到本体觉系统。

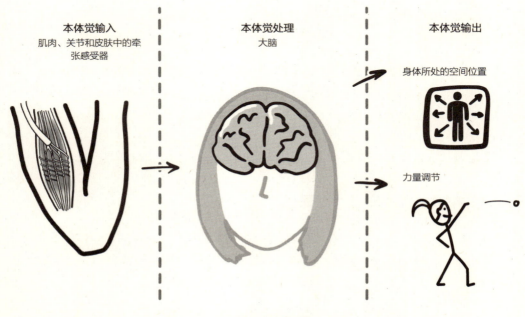

本体觉输入	本体觉处理	本体觉输出
肌肉、关节和皮肤中的牵张感受器	大脑	身体所处的空间位置 力量调节

图 3-1 本体觉系统

　　本体觉是我个人最喜欢的感觉系统之一。它有一个强大的能力，那就是
能使我们放松下来。在对父母解释时，我经常将本体觉输入描述为一项繁重
的工作，比如推、拉或任何对肌肉有影响的动作。在我们受到过度刺激时，
本体觉输入能够真正地帮助我们冷静下来。这种感觉就像给自己一个大大的
拥抱来重新控制某种情况，而拥抱带来的挤压的感受就属于本体觉输入。我
经常使用它。在新型冠状病毒疫情防控期间的一个晚上，我发现自己凌晨 4
点就醒了，于是我决定采纳自己曾提出的那些建议：我把家里所有的厚毯子
都收集起来，把它们搬到床上并盖在身上。就这样辗转几次后，我终于睡着

了。第二天早上，我买了一条加厚的毯子，这种类型的厚毯子现在随处可见，而几年前只有在专门的感觉训练的商店才能买到。我每天晚上都用它，就像我小时候总是让妈妈帮我把被子掖得紧紧的，我终于找到了一种能够帮助我入睡的物件。这么多年来我一直把这个方法推荐给孩子们，而我自己却第一次尝试。

我的故事并不特殊。那些难以平静下来的孩子经常能够发现本体觉活动对于他们的益处。一个吮吸奶嘴的婴儿其实是正在使用本体觉来进行自我调节，而这也是为什么很多人，包括我，在需要集中注意力时，比如我写这本书的时候，会咬铅笔头或咬嘴唇。最近，我们收到一位家长的电子邮件，感谢我们帮助她的儿子学会控制脾气与自律调节。他开始独立运用自己的本体觉，比如在腿上滚动一个加重球，在家里的某个角落平静地待上一段时间，当他能够在情绪爆发之前冷静下来时，他和他的家人都对此感到自豪。

**感统训练
工具箱**

获得平静的工具箱

我们可以随身携带下面这些工具，来帮助孩子应对一整天的繁杂事务。对于那些特别活泼的孩子，带着这些工具去上学也是非常有益的。事实上，我希望在每一间教室里都能看到这些工具，因为每个孩子或多或少都需要得到一点帮助来让自己冷静下来，保持专注。请注意，我们应该告诉孩子，如果这些工具中的某一种对他们来说变成了玩具，那么这种工具就起不到调节作用了，是时候尝试另一种工具了。家长可以这样说："我发现这个工具现在对你的身体调节没有帮助了，把它换成一个对你身体更好的工具，你觉得怎么样？"

● 能放在腿上或者能在腿上滚动的加重球。

我建议选择一个柔软的普拉提球，因为它看起来不像是玩具，而其他看起来像玩具的东西放在教室里会分散孩子的注意力。

- 可以挤压和拉伸的康复泥。

- 可挤压玩具球。

我喜欢那些可以进行挤压和拉伸的球。

- 健身带。

我们可以让孩子们把健身带缠在椅子腿上，用脚踩着玩。或者，如果他们坐在地上，把健身带缠在脚上和腰上，膝盖弯曲，然后用脚拉伸健身带。

- 弹簧弦。

- 可咬的铅笔。

- 发夹。

这是我每次开会都带着的东西，我会用它夹住手指然后把手放在膝盖上。这个工具适合年龄大一点儿的孩子。

本体觉系统是如何工作的

在我们的肌肉、皮肤和关节内，有着很特殊的感受器，当我们移动时，它们就会有所感知。当皮肤受到压力或肌肉被拉伸时，它们就会被激活，并向神经系统发送信号，神经系统就会做出反应。当孩子和你击掌时，他们的肌肉会随着手臂的移动而伸展，从而激活他们的本体觉系统，来帮助自己知道手在空中所处位置，并引导手的移动来和你的手对接（或错过你的手）。这就是为什么我经常说本体觉输入是繁重的工作，因为这是一种与肌肉相关的负荷，就像成年人举重一样。对孩子们来说，这项运动可能是爬山、做瑜伽、搬沉重的书或其他东西。

本体觉系统负责帮助孩子意识到他们的身体在环境中所处的位置，并进行安全的运动规划，这包含确定运动的路径与空间。当孩子穿过操场向朋友打招呼时，他们需要计划到达那里最佳、最安全的路线，确保不撞到秋千或其他孩子。如果他们遇到一条断裂的人行道或觉得脚下有石子，肌肉就会及时适应地形的变化。本体觉系统会帮助他们转换走路的方式，这样他们就不会摔倒或失去平衡。

你有没有听过形容某人"像闯进瓷器店的公牛"这样的说法？这个形容可以用在泰勒身上，我在前言中提到过他。他不仅总是到处乱动，在家具上蹦蹦跳跳，对兄弟姐妹横冲直撞，还显得有点儿笨手笨脚，很难掌握大多数运动技能。当一个人有这样的表现时，通常是因为他没有很好地感知到自己的身体在空间中所处的位置，而这正是本体觉系统该有的功能。

本体觉发育良好的孩子会对自己有信心，因为他们的身体能够协调一致，并且能更轻松流畅地移动，这让他们可以毫不费力地立即投入游戏中。当我提起本体觉系统，我经常想到的就是运动员，因为他们对自己所处的位置以及周围环境有着惊人的良好感知，他们可不会像我一样每天都踢到脚趾。也正是因为这样，他们总是能自信且毫不犹豫地加入各项活动中，即使是他们从来没参与过的活动。

如果你把美国职业美式橄榄球运动员汤姆·布拉迪（Tom Brady）和我放在同一个房间里，要求我们以最快的速度跨过障碍物（这很像是在一个下雨天，你会和孩子在游戏室里玩的游戏，障碍物可以是房间内到处散落的乐高碎片），结局可能就是我的脚趾头撞出很多瘀伤，而布拉迪在那个房间里不会碰到任何一个障碍物。仅凭他的运动能力，就可想而知他比我们具备更高的协调能力，对自己身体的所在位置与周围事物的关系也有更好的感知。换言之，他的本体觉系统的功能比其他人要好。

本体觉系统让我们能够以适当的力量来移动身体或触摸物体，并且能够在不使用眼睛的情况下感知身体的位置，这样我们就可以把喜欢的食物放到嘴里。虽然下面这些听起来好像只是一个游戏，但我们却能用它来测试你的本体觉系统功能：你闭上眼睛后，还能精准地用食指摸到鼻子吗？你的孩子能吗？你应该能够在闭上眼睛的情况下精确地摸到自己的鼻子。

一个本体觉系统不发达的孩子可能会笨手笨脚，在操场上、教室里甚至家里走来走去时都可能撞倒或打碎东西。他们可能会把鸡蛋握得太紧以至于捏碎鸡蛋，往嘴里塞太多食物，踢球时没有足够的力气让球到达目标点，或者没办法进行攀岩、空手道训练。他们可能没有意识到自己与其他物体的距离到底有多少，所以会不小心撞到桌子，弄洒别人的饮料，从而被他人取笑或排挤。对这样的孩子来说，不断地努力学习一项新技能会令他们很有挫败感，因此在完成那些有挑战性的任务的过程中他们可能会感到沮丧，甚至会拒绝尝试那些需要身体意识的新鲜事物。一些有本体觉障碍的孩子可能会被贴上过于粗暴的标签。所有这些，都可能对他们产生负面的教育和社会影响。

在课堂上，本体觉系统能够支持孩子写字、剪切、在教室里穿行和展示精细运动技能。例如，在约瑟芬娜所在的教室里，孩子们正在为家长探访日制作自画像。约瑟芬娜需要了解自己身体部位的位置，比如伸出的手臂，这样她才能画出一幅像她自己的画像。同样重要的是，她能够在教室里行走而不撞到课桌，并把她的艺术作品挂在墙上，为家长探访日做好准备。

本体觉系统对以下方面至关重要。

身体意识： 当我们对自己的身体有良好的感知时，我们就能很好地理解空间。身体意识对人的影响比你想象的要大。例如，要想在写字时握住铅笔，你需要在不使用视觉的情况下就让手指完成这项任务。

运动力量： 这能让孩子在做如击掌或扔球等任何动作时使用恰当的力量，尤其是当他们在室内扔球或用容易折断的蜡笔写字时，这显得更加重要。

自我调节： 我们已经讨论了很多关于本体觉是如何以一种非凡的能力来帮助孩子调节自己的，但是当一些孩子使用本体觉来让自己平静下来时，可能会显得具有攻击性。我知道这听起来有点儿矛盾，但这是真的。孩子可能会咬或掐朋友和家人，因为这一行为能够给他们提供本体觉输入，帮助他们冷静或集中注意力。但当他们运用这一方法时，可能会把朋友吓跑，并给老师和家长带来麻烦。

本体觉系统的调节能力可以帮助孩子在学校保持专注力，在任何需要他们保持冷静的情况下都能集中注意力。因此，我建议在家庭日常生活中，多给孩子安排一些本体觉系统的训练活动，这些活动对所有人都有好处，尤其是在睡前或在一个令人兴奋的大事件之后，比如参加了一个节日或生日派对之后。

运动规划和协调： 由于本体觉支持我们的身体意识、空间意识、力量调节和运动时机，因此它对人体的运动规划和协调能力有显著的影响。如果我们看到一个孩子的本体觉系统有问题，那么通常也会看到它对这个孩子的协调能力的影响。

本体觉系统的关键作用

本体觉辨别： 一个难以判断本体觉输入的孩子，在玩捉人游戏或拍手游戏时会很困难。他可能会无意中砰的一声关上门，或在拥抱时抱得比他想要的更紧，因为他感觉不到自己的身体在非常用力和轻微用力之间的区别。他可能会发现，如果不盯着每一只脚在梯子上的位置，就无法从梯子上爬下来，因为他没办法用身体意识去感知自己的脚在梯子上的位置。

本体觉调节： 有些孩子需要做大量的工作来了解他们与周围事物的关系。这是因为他们对本体觉输入反应迟钝，或者需要更多的输入来了解他们的身体所处的空间位置。他们可能看起来比其他孩子更笨手笨脚，在操场上跟不上节奏。这些在本体觉调节方面有困难的孩子也可能喜欢乱打乱闹，喜欢啃咬、推搡别人，踮起脚尖走路，或者过度用力地拥抱和挤压别人，这些行为可能都会给人一种攻击性的感觉，并给他们带来麻烦。

本体觉训练活动

● ● ● ● ● ● ● **洗衣接力赛** ● ● ● ● ● ● ●

★**游戏说明：** 我建议在孩子参加完生日派对或做完其他令人兴奋的活动后，或当孩子在睡觉前难以平静下来时玩这个游戏。这个活动可以让孩子帮助父母做家务，对父母来说这可是个意外的收获。

★**材料：** 两个洗衣篮，衣服或其他软的物品，计时器。

★**所需空间：** 中等。

★**时间：** 5 ～ 15 分钟。

★**准备工作：** 在房间的一侧放一大堆衣服、娃娃或恐龙玩具等，另一侧放一个篮子。如果你需要洗衣服，可以让孩子把脏衣服从脏衣篮里拿出来，把洗衣机作为第二个"篮子"。这个活动是依靠重量的作用帮助孩子平静下来。

★**步骤 1：**在一大堆衣服旁边放一个空篮子。

★**步骤 2：**用家里现有的物品作为指引，为孩子设置一条穿越障碍物的路线。

★**步骤 3：**告诉孩子，你要和他们进行一场接力赛或者计时赛。

★**步骤 4：**当你开始计时时，让孩子把那堆衣服放进篮子里。

★**步骤 5：**让孩子推着篮子绕过你设置好的一些障碍物，如沙发、幼儿园教具、地板上的玩具等，以尽可能快的速度到达目的地。

★**步骤 6：**让孩子把所有的衣服都放到第二个篮子里，然后回到起点。

★**步骤 7：**重复步骤 1～6。

让它变得更简单一点：在篮子里放轻一点的东西，比如毛绒玩具，并移除路线中所设置的障碍物。

让它变得更难一点：用加重球代替衣服，让孩子在避开障碍物时多转几圈。

婴儿可参与活动：如果宝宝已经会走路了，可以让他在两个篮子之间拿东西，每次只拿一个，并且是比较轻的东西。如果宝宝还处在学走路的阶段，那么在地毯上推步行玩具对他来说也算是比较繁重的工作。

额外训练到的部位 / 能力： 实践能力。

假扮热狗

1+2

3+4

5

6

★**游戏说明：** 这个游戏不仅能够增强亲子关系，还能帮助孩子冷静下来，感受自己的身体在空间中所处的位置。

★**材料：** 毛毯，浴巾或者沙滩毛巾，枕头。

★**所需空间：** 小，蜷缩在床上或沙发上就可以。

★**时间：** 5～15分钟。

★**准备工作：** 你所需要的只是几条毯子和几个枕头。

★**步骤1：** 告诉孩子他们要装扮成一个"热狗"。

★**步骤2：** 让孩子躺在毯子上，把他们裹起来，就像用襁褓包裹婴儿一样。

★**步骤3：** 接下来，是配料的时间了！问问孩子想要什么样的配料，番茄酱可以吗？

★步骤 4：每次放配料时，就加一条毯子或枕头，但不要盖住他们的脸。

★步骤 5：当你放配料时，用毯子或枕头均匀地挤压他们的身体。

★步骤 6：你说："哦，不！热狗需要获得自由！"然后让孩子从这个大褛裸中扭动出来。

让它变得更简单一点：把毯子盖在孩子身上，不用把他们裹起来。

让它变得更难一点：添加一些想象元素，在孩子变成"热狗"之后，让他们想出下一种食物，比如比萨或者墨西哥卷饼。

婴儿可参与活动：你可以和宝宝做同样的游戏，只是要温柔一点。记得游戏中用婴儿毯子，不要用枕头！

额外训练到的部位／能力：触觉。

青蛙跳

★游戏说明：这个游戏的灵感来自我从小到大最喜欢的游戏：青蛙过河。它不仅能为孩子提供本体觉输入，还能让他们捧腹大笑，直到筋疲力尽。

★材料：软球。

★**所需空间：** 大。

★**时间：** 10 ～ 15 分钟。

★**准备工作：** 你只需要一筐球。

★**步骤 1：** 让孩子站在院子的一边，摆出青蛙的姿势——蹲着，膝盖弯曲，手放在地上。

★**步骤 2：** 你拿着一筐球，站在院子的另一边。

★**步骤 3：** 朝孩子的方向滚动球。

★**步骤 4：** 让孩子朝你这边青蛙跳，跳的过程中不能碰到任何滚动的球。鼓励他们大步跳跃，也就是向上跃起，双脚离开地面，呈 "大" 字的形状，落到地上的时候要保持蹲着且双手放在两腿之间的姿势。

让它变得更简单一点： 一次只滚动一个球。

让它变得更难一点： 尝试看看，他们能像螃蟹一样横着进行青蛙跳，并且穿过院子，不碰到任何球吗？

婴儿可参与活动： 游戏中使用一个来回滚动的球，让宝宝跟着球爬、走或跑，并且让他尽可能地快，然后家长去抓他。当你抓住他的时候，给予他爱意满满的拥抱和亲吻。

额外训练到的部位 / 能力： 视觉，前庭觉，实践能力。

气泡破裂

1　　　　　　　　　　2　　　　　　　　　　3

★**游戏说明：**孩子们都喜欢气泡膜，气泡膜不仅是待回收的垃圾，还是可以用在很多游戏中的材料。

★**材料：**瑜伽球，气泡膜。

★**所需空间：**中等。

★**时间：**5 ～ 15 分钟。

★**准备工作：**在瑜伽球前面放上气泡膜。

★**步骤 1：**让孩子俯卧在瑜伽球上，双手放在地板上。

★**步骤 2：**让孩子用手"走"到气泡膜的位置。

★**步骤 3：**在球上保持平衡的同时让孩子用手把气泡膜上的气泡挤破。

★**步骤 4：**重复步骤 1 ～ 3，直到挤破所有的气泡。

让它变得更简单一点：直接在气泡膜上跳来跳去把气泡踩破。

让它变得更难一点： 把气泡膜放到离瑜伽球更远一点的地方，这样孩子为了保持平衡，就会调动更多的身体力量。

婴儿可参与活动： 不用瑜伽球，直接让宝宝在气泡膜上爬或走，最好是让他踩在气泡膜上跳上跳下。

额外训练到的部位／能力： 触觉，前庭觉，听觉。

臭虫跳舞

1+2　　　　　　　3　　　　　　　4

★**游戏说明：** 确保那些"臭虫"尽快从床上爬出来。

★**材料：** 床上用品，床。

★**所需空间：** 小。

★**时间：** 5～10分钟。

★**准备工作：** 把被子塞在床两侧，床头和床尾留出空间，用床单和被子围成一个小通道。

★步骤 1： 告诉孩子这是扮演臭虫的时间，臭虫喜欢跳布吉舞。

★步骤 2： 给孩子看床上像洞一样的小通道，告诉他们跳布吉舞的方法是快速从洞这一边穿到另一边。

★步骤 3： 让孩子在被子下尽可能快地从床尾移到床头，就像穿越洞穴一样。

★步骤 4： 重复步骤 1 ～ 3。

让它变得更简单一点： 不要在床的两边塞被子等床上用品。

让它变得更难一点： 把床上用品放进床尾的洞里，让孩子依靠自己的力量把它们拉出来，再开始钻洞。

婴儿可参与活动： 把沙发上的垫子拿下来，让宝宝从一个沙发垫爬到另一个沙发垫上。

额外训练到的部位 / 能力： 实践能力，触觉。

搭建堡垒

★游戏说明： 这是我小时候在下雪天最喜欢的游戏之一，或者可以说，当我在美国中西部地区因为寒冷的天气被困在室内时，我都喜欢玩这个游戏。它简直就是一门遗失的艺术，每个孩子都有权利在建造堡垒的过程中破坏家里客厅的整洁。

★材料： 沙发垫，3 个枕头，毯子。

★**所需空间：**中等。

★**时间：**30～45分钟。

★**准备工作：**把沙发上的垫子拿下来堆成一堆就好，除此以外没有其他需要设置的了。

★**步骤 1：**让孩子把一个枕头靠在沙发旁或另一件家具上。这是他们搭建堡垒的第一面墙。

★**步骤 2：**让孩子把第二个枕头靠在另一个家具上，比如咖啡桌。

★**步骤 3：**把第三个枕头搭在前二个枕头的上面，让前两个枕头连接起来。

★**步骤 4：**把毯子盖在这三个枕头上，这样就有了一个通往堡垒的入口。

★**步骤 5：**让孩子爬进去，在他们自己搭建的华丽堡垒里闲逛。

让它变得更简单一点：提前把堡垒的一面墙设置好，剩下的留给孩子自己搭建。

让它变得更难一点：不要告诉孩子如何搭建堡垒，让他们用想象力去设计。

额外训练到的部位 / 能力：实践能力。

水中盥洗室

★**游戏说明：**这是一个适合在炎热的夏天，穿着泳衣完成的活动。这也是一个可以帮助孩子在逛完冰激凌店后平静下来的活动。

★**材料：**每个孩子 2 个大水桶或空垃圾桶，每个孩子 1 个沙滩桶。

★**所需空间：**大。

★**时间：**10 ～ 15 分钟。

★**准备工作：**把每个孩子的其中一个大水桶装满水，然后把它放在院子的一边。在另一边，放置每个孩子的另一个大水桶但不用装水。

★**步骤 1：**给每个孩子一个沙滩桶，让他们站在自己那个装满水的大水桶旁。

★**步骤 2：**教他们用沙滩桶从装满水的桶里舀水。

★**步骤 3：**让他们以最快的速度穿过院子，把沙滩桶里的水倒进院子另一边空着的大水桶里。尽量不要让水洒出来！

★**步骤 4：**一旦沙滩桶里的水倒完了，就跑回装满水的大水桶那里，并根据需要重复这样做。

★**步骤 5：**谁从第一个桶里倒到第二个桶里的水最多，谁就获胜。

让它变得更简单一点：把 2 个大水桶挨着放，这样孩子就不用带着沙滩桶来回跑了。

让它变得更难一点：让这个游戏成为一场与时间赛跑的游戏，孩子能在 5 分钟内把水全部舀过去吗？

婴儿可参与活动：小孩子都喜欢玩容器类游戏。在一个小桶（或碗）里加一点儿水，旁边放一个空的，给宝宝一个杯子，让他自由探索。可能只有一小部分水会被成功倒进空桶里，大部分水会洒在宝宝身上或地上，这完全没关系。

额外训练到的部位 / 能力：前庭觉。

击打岩石

★**游戏说明：**我在一次夏令营中曾试着自己制作冰糖，结果失败了，因此我萌生了这个游戏的想法。我跟孩子们像做饼干一样把食材放到烤盘上并切成大块，然后让他们就像敲岩石一样用锤子把糖果敲成一块一块的，我发现这对孩子来说是一项非常繁重的工作。

★**材料：** 水，食用色素（我喜欢选择纯天然的品牌），碗，饼干案板，橡胶锤。

★**所需空间：** 小。

★**时间：** 10 ～ 15 分钟。

★**准备工作：** 将水和食用色素在碗里混合，然后倒在烤盘上，放进冰箱，冻成彩色的冰块。

★**步骤 1：** 把饼干案板和彩色冰块放在孩子面前的桌子上。

★**步骤 2：** 递给孩子一个橡胶锤，提醒他们要小心别敲到自己的手指。

★**步骤 3：** 让孩子把大冰块敲成小"石头"。你可以假装发生了地震或者有个巨人在跺脚。

★**步骤 4：** 把"石头"放在水槽里，打开水龙头，看着它们融化。

让它变得更简单一点： 不要让食用色素和水冻得那么结实。

让它变得更难一点： 在冰块上画一些点或在特定的地方贴上标签，让孩子去敲这些有标记的地方。

额外训练到的部位 / 能力： 听觉。

● ● ● ● ● ● ● 皮搋子前进运动 ● ● ● ● ● ● ●

1 + 2   3   4

★**游戏说明：**谁能想到，皮搋子除了可以用来疏通堵塞的下水道，还能有其他的用途呢？孩子们会觉得这个游戏特别有趣。

★**材料：**新的或消过毒的皮搋子，滑板车。

★**所需空间：**大。

★**时间：**10 ～ 15 分钟。

★**准备工作：**无须进行特别的设置，只要在房子里选择好起止点就可以了。

★**步骤 1：**让孩子坐在滑板车上。

★**步骤 2：**告诉他们起点和终点的位置。

★**步骤 3：**给他们一个皮搋子，他们就可以推动自己前进。可能需要家长先为孩子演示一下。

★**步骤 4：**说开始！看看他们从起点到终点能有多快。

让它变得更简单一点： 不用计时，让孩子自己弄清楚如何使用皮撅子来推动自己前进。

让它变得更难一点： 让他们趴在滑板车上，用皮撅子推动自己向前。

婴儿可参与活动： 如果宝宝已经学会走路，并有良好的姿势控制能力，就让他坐在滑板车上，用腿四处移动。

额外训练到的部位 / 能力： 前庭觉，实践能力。

穿衣大赛

★游戏说明： 孩子是不是常常想要穿你的衣服？那这个游戏对他们来说可是个好机会。

★材料： 你的一堆衣服（包括上衣和裤子），计时器（手机上的就可以）。

★所需空间： 中等。

★时间： 10 分钟。

★准备工作： 设置起跑线和终点线。在起跑线放一堆衣服，在终点线放一个铃铛，或者你可以站在那里等着和孩子击掌庆祝。

★步骤 1： 把衣服放在起跑线上。如果不止一个孩子参加，那每个孩子要对应一堆衣服。

★步骤 2： 用计时器计时 5 分钟。

★**步骤3：** 当你说"开始"，孩子就要穿你准备好的衣服，一层一层地尽量多穿，直到计时器停止计时。如果有扣子，他们就必须得扣上，如果有拉链，也必须拉上。

★**步骤4：** 当计时器停止时，他们需要以最快的速度跑向终点线。

★**步骤5：** 衣服穿得最多的人获胜。

让它变得更简单一点： 时间延长至 10 分钟或 15 分钟。

让它变得更难一点： 当孩子跑到终点线时，进行脱衣服比赛，看谁在同样的时间内脱得衣服多。

额外训练到的部位 / 能力： 实践能力，触觉。

● ● ● ● ●　　　　　**居家滑雪**　　　　　● ● ● ● ●

　　　1　　　　　　　　　　　2　　　　　　　　　　　3

★**游戏说明：** 长大后，你是否曾经穿着袜子在地板上滑来滑去？这可是电影《乖仔也疯狂》（*Risky Business*）中的一个重要情节。

★**材料：** 大枕头，长绳，枕套，滑板车，毛毯或袜子。

★**所需空间：** 中等。

★**时间：** 5 ～ 10 分钟。

★**准备工作：** 关上门，将绳子紧紧绑在门把手上，确保即使用全身的力量也无法将门打开。把枕头放在门把手下面，枕套放在绳子的另一端。

★**步骤 1：** 让孩子站在枕套上，抓住绳子的一端。

★**步骤 2：** 告诉他们开始拉绳子，这样他们就可以在地板上慢慢地向门滑去。

★**步骤 3：** 让孩子一直拉，直到他们到枕头跟前。

让它变得更简单一点： 站在枕套上跳到门前，而不是通过拉绳子到门前。

让它变得更难一点： 当他们拉的时候，喊几次"冻结"，每次喊冻结后他们需要停下来，然后重新开始。

额外训练到的部位 / 能力： 前庭觉。

● ● ● ● ● ● ● ● ● 　**五只小猴子床上跳** ① 　● ● ● ● ● ● ● ● ●

★游戏说明： 这个游戏可以伴随着那首经典儿歌一起玩耍。这可能会让你打破一些既往的规则，但会让它更有趣。我发现父母有时太过在意规则而忘记了最简单的娱乐方式，比如在床上跳来跳去。

★材料： 大沙发垫和枕头，床。

★所需空间： 小。

★时间： 5～10 分钟。

★准备工作： 将大沙发垫放在床边的地板上，这样可以保证即使孩子跳下来摔在上面也是安全的。确保床附近都是枕头，没有硬的或尖锐的东西。

★步骤 1： 开始唱《五只小猴子床上跳》儿歌，让孩子跳到床上。

★步骤 2： 当你唱到"一个孩子摔了下来，撞到了他的头"时，让孩子从床上跳下来，跳到你用垫子和枕头搭的防撞坑里。握住孩子的手，确保他们的安全。

★步骤 3： 当你唱到"妈妈打电话给医生，医生说'不要再有猴子在床上跳了'"时，调皮地在孩子身上挠几下。

———————

① 《五只小猴子床上跳》（*Five Little Monkeys Jumping on the Bed*）是一首美国孩子耳熟能详的经典儿歌，讲述了五只小猴子喜欢在床上蹦蹦跳跳，一个接一个地摔下床，最后终于听从妈妈和医生的告诫乖乖上床睡觉的故事。——译者注

★**步骤 4：** 重复步骤 1～3，唱到四只猴子，三只猴子，两只猴子，一只猴子。继续下去，直到没有猴子。

让它变得更简单一点： 当你唱到"一个孩子摔了下来，撞到了他的头"时，让孩子跪在床上，而不是跳到垫子上。

让它变得更难一点： 当孩子准备从床上跳下来时，他们必须选择一个固定姿势，并在跳下来后保持这个姿势 20 秒。

婴儿可参与活动： 把宝宝放在膝盖上，当你唱到摔倒的歌词时，分开两腿，并抱住他，这样他就会从你的腿上轻轻地掉下来。

额外训练到的部位 / 能力： 前庭觉，听觉。

镜子，镜子

★**游戏说明：** 这个游戏需要孩子使用本体觉来理解自己身体所处的位置。

★**材料：** 音乐，眼罩。

★**所需空间：** 小。

★**时间：** 10～15 分钟。

★**准备工作：** 给孩子戴上眼罩。

★**步骤1：** 让孩子的身体摆出一个有趣的姿势或者是明星拍照会摆的那种姿势。

★**步骤2：** 开始播放音乐。

★**步骤3：** 指导孩子跳舞，离开现在的这个位置。

★**步骤4：** 当音乐停止时，孩子需要在戴着眼罩的情况下，移动到自己原来的位置。

让它变得更简单一点： 孩子全程不用戴眼罩。

让它变得更难一点： 要求孩子做一些姿势，比如下犬式或者摆出一个像扭曲的三角形一样的姿势。

额外训练到的部位 / 能力： 听觉。

小丑跳水桶

1   2   3

★**游戏说明：** 这是一个可以1秒钟带你回到童年的游戏。你们可以在下雨天玩这个游戏，也可以平时在室外玩。

★**材料：** 装豆子的袋子或小球，大枕套。

★**所需空间：** 中等。

★**时间：** 10 ～ 15 分钟。

★**准备工作：** 将装豆子的袋子或小球放在地上，就像复活节找彩蛋的样子。

★**步骤 1：** 让孩子套在枕套里，就像他们要开始一场装土豆的比赛一样。

★**步骤 2：** 你说"开始"，然后让孩子跳到房间里有袋子的地方。

★**步骤 3：** 捡起袋子放进枕套里，别让袋子从枕套里掉出来。

★**步骤 4：** 重复步骤 1 ～ 3，直到孩子捡起所有的袋子。

让它变得更简单一点： 让孩子脱掉枕套，直接把袋子收集到桶里。

让它变得更难一点： 增加时间限制，告诉孩子要赶时间，看看他们能跳多快。

婴儿可参与活动： 把袋子放在房间里，让蹒跚学步的宝宝把它们捡起来，放在他平时玩的沙滩桶里。

额外训练到的部位 / 能力： 前庭觉，实践能力。

寻找小鱼

★ **游戏说明**：这个游戏会给你提供一个意想不到的福利，那就是帮你把床上用品拆下来然后准备清洗。

★ **材料**：床上用品或一堆毯子或一堆衣服，玩具鱼或其他玩具。

★ **所需空间**：小。

★ **时间**：5～10 分钟。

★ **准备工作**：把一大堆毯子扔在地上，把玩具鱼或其他玩具藏到毯子里。

★ **步骤 1**：告诉孩子："我们需要找到所有的鱼，并把它们带回池塘。"池塘就是一个存储容器。

★ **步骤 2**：对孩子说"去吧"，然后让他们开始在毯子里搜寻，直到找到一条玩具鱼。

★ **步骤 3**：把玩具鱼放在池塘里。

★ **步骤 4**：重复步骤 1～3，直到找到所有的玩具鱼。

让它变得更简单一点：把玩具鱼放在毯子上看得见的地方。

让它变得更难一点：把玩具鱼藏在有点重量的枕头下和很难找到的地方。你甚至可以让孩子戴上眼罩，通过摸索找到玩具鱼。

婴儿可参与活动： 把玩具鱼藏在地上的一堆薄一点的毯子里，让宝宝找到它们。

额外训练到的部位 / 能力： 视觉。

其他本体觉训练活动

想要开发本体觉系统，并不需要靠特定的游戏来完成，很多都是围绕日常家务来进行的。让孩子参与到这些家庭活动中，不仅会给他们带来自豪感，也会给他们带来很重要的本体觉输入。

庭院 / 户外游戏	室内家务和游戏

庭院 / 户外游戏

► 背书包。
► 做园艺。
► 在超市里推购物车。
► 给植物浇水。
► 在沙子或泥土中挖坑。
► 爬滑梯。

室内家务和游戏

► 搬杂物。
► 洗衣服。
► 移动椅子。
► 搬走书。
► 倒垃圾。
► 用吸尘器打扫。
► 擦桌子或窗户。
► 玩黏土。
► 玩挤压玩具（捏捏乐）。
► 模仿某种动物走路。
► 推墙（你可以跟孩子说，房间太小了，让他帮忙推墙来让房间变大）。
► 在床上蹦跳。
► 滚动有些重量的球。

PLAY TO
PROGRESS

第 4 章

触觉

辨识能力的基础，做事更有条理

通过前面的阅读，你已经了解了人体的两大"隐藏"感觉系统——前庭觉与本体觉，现在让我们来看看更广为人知的一种感觉系统——触觉。我发现很多感觉游戏都是与触觉紧密相关的。

你听说过感觉箱吗？你可能在网上看到过它：一个容器里装着大米或豆子，还藏着小玩具。这种容器又叫触觉桶。现在许多幼儿园的教室和家庭游戏室里都有触觉桶。很多父母都对触觉桶很熟悉，尤其是对桶里的东西被弄得满地都是所造成的混乱很熟悉，但往往不清楚为什么要让孩子把手放在这些触觉桶里，以及这一体验为什么对孩子的成长很重要。事实上，触觉系统是帮助我们完成日常任务的基础，比如系鞋带、写字、穿衣服、使用餐具、吃各种各样的食物以及有关自理能力的许多方面。

首先，我想跟大家讲述一个小女孩的故事。这个小女孩很有创造力，喜欢和朋友们一起玩耍，喜欢探索她所处的环境，但如果你试着给她穿上一条牛仔裤，就会发现这个通常很容易满足的孩子变成了一个不开心的"小鬼"。她的衣服必须是柔软的弹力裤或连衣裙。她的同龄小伙伴经常在胳膊上贴贴纸，假装那是文身，但她一想到自己的皮肤上有贴纸，就会觉得不舒服。她也不喜欢面部彩绘，手一脏就得洗手。她在美国中西部地区长大，在泥坑里玩耍是这个地区很常见的活动，但她经常只是坐在那里观看，因为她绝不允许自己靠近泥巴。后来，她上了中学，不得不穿牛仔裤，但她一回到家，就会立马换上更舒服的裤子。成年后，她成了一名专门研究感觉统合的职业治疗师，但她仍然偏爱连衣裙和弹力裤，拒绝面部彩绘，并尽可能地避免接触泥与黏液。你现在可能已经猜到了，这个小女孩就是我。我一直在抗拒某些特定质感的东西，包括某些食物。在职业治疗培训学校期间，当我对人体的感觉系统有所了解后，这种情况才发生了改变。我知道如果自己要与客户一起研究触觉系统，就必须做好准备，并能够忍受各种各样质地的东西，即使我仍然很敏感。几个星期前，我们的一位治疗师在一个球上涂满泡沫，让孩子们玩接球游戏，在没有任何提示的情况下把球扔给了我，而我出于本能，迅速避开了。

触觉系统能够帮助我们区分不同性质的触感，让我们知道触摸时的压力、疼痛、温度和质地。触觉系统可以帮助孩子们不用看玩具盒就能准确拿到玩具娃娃的发梳，不用盯着书桌就能找到铅笔。当我们在钱包里找钥匙，在婴儿房不开灯的情况下找尿布袋里的东西时，都会运用到触觉。触觉对安全也至关重要，它能让你判断洗澡水是否太热，野餐时是否有一根尖棍戳着你，这样你就可以调整自己避开危险。触觉系统对情绪也能产生影响，我们可以通过触摸来进行情感交流，比如父母温柔地抚摸孩子的后背，表示他们在这里，一切都很好。

触觉系统也与本体觉系统一起工作，创造了所谓的躯体感觉系统，所以我们可以了解自己身体的确切位置。躯体感觉系统让我们在感觉到脸上沾了巧克力时，不用照镜子就能把它擦掉。它也是身体协调的中心，躯体感觉系统有问题的孩子往往比他们的朋友更笨手笨脚，更容易混乱，也更没有条理。

孩子挑食通常与食物的质地，而不仅仅是味道有关。我认识一个叫克鲁兹的小家伙，他只要吃软的食物就会感到恶心。他不能忍受质地柔软的食物，哪怕是广受欢迎的奶酪通心粉。我们还了解到，克鲁兹抗拒去海滩，因为那里沙子太多了，他不知道如何应对这种情况。此外，尽管他想参加幼儿园的烹饪活动，但他不能用手碰面团。他父母并不介意他讨厌海滩，也不介意他讨厌混乱，但是对于他没有得到身体所需营养这件事，会很介意。他父母不停地将水果和蔬菜进行冷冻干燥，以保证克鲁兹可以吃到硬和脆的食物。所以想让克鲁兹用自己的双手去探索各种材质，并尝试着吃质地柔软的食物会是一个漫长的过程。令人欣慰的是，最近他已经能够吃意大利面和其他的新菜品了，因为在新型冠状病毒疫情期间，他父母很难获得那些他喜欢的食物。

我们有一个触觉训练室，在训练室里，我们鼓励父母允许孩子把训练室弄乱。在孩子小的时候，就应该接触到各种各样质地的东西，如果我们不断地给他们擦脸擦手，那么他们就无法体验到不整洁的感觉。我们应该让孩子知道，有时候弄得脏乱一点儿也是没关系的，其实弄得一团糟常常是触觉训练的好方法。如果你来参加我们的"父母与我"课程，在课程的触觉训练阶段，你会看到穿着尿布的婴儿在不同质地的球上爬行，穿过肥皂泡沫，玩素食颜料，等等。

触觉系统是如何工作的

　　在我们的皮肤内部，无论是表层还是深层，都有不同类型的感受器，它们会被皮肤的张力、振动、接触、温度和压力等因素激活。其中一些感受器反应迅速，而另一些则反应缓慢，使你能够更详细地分辨你正在触摸的东西，比如，你口袋里的硬币是一分的还是一角的。这些感觉传递到大脑的多个区域，并产生综合反应。如果你碰到一个热锅，你的反应就是会迅速把手拿开（见图 4-1）。

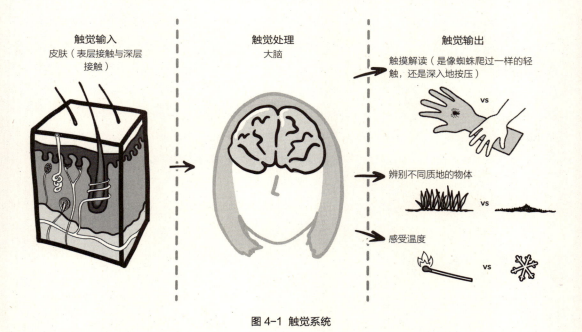

触觉输入
皮肤（表层接触与深层接触）

触觉处理
大脑

触觉输出
触摸解读（是像蜘蛛爬过一样的轻触，还是深入地按压）

vs

辨别不同质地的物体

vs

感受温度

vs

图 4-1 触觉系统

　　触摸还与人的情绪状态紧密相关，如果你现在不太理解其中涵义的话，就回顾一下之前提到的其他感觉输入，其实所有的感觉输入都会影响人体的自我调节和情绪状态。你可能听说过对早产儿进行抚触的好处，以及抚触是如何促进他们的成长和与他人建立联系的。现在，在医院和分娩中心，婴儿抚触广泛用于刚出生的早产儿和足月儿，他们出生后的头 3 个月内也建议继续进行抚触。这种皮肤与皮肤之间的接触很舒缓，产生的效果也很神奇。此外，你可能也知道，当一个婴儿正在出牙，或者在半夜醒来时，大人的触摸可以对他起到安慰作用。

触觉系统的功能不只对婴儿奏效，对我们成年人也有效。比如，当你辛苦工作了一天后，如果你的朋友或伴侣能够为你按摩，或者给你一个拥抱，都会让你感觉好一点儿。这就是触觉系统的影响。

除了产生让我们感到舒服、安慰的影响，触摸还能激发一系列的反应。温柔的深度触摸，比如一个拥抱，可以减缓我们的心跳，带来平静，而一个意想不到的触摸会吓到我们，让我们心跳加速，造成不安或激动的情绪。当有东西意外地擦过你的手臂时，你会不会跳起来？我很害怕蜘蛛，一根头发或者一片叶子都有可能让我大为恐慌，直到我能够弄清楚自己感受到的到底是什么才会放松下来。

触觉系统还负责触觉辨别，这是一种区分物体质地的能力。这就是那些装有隐藏玩具的感觉箱的用途，帮助大家通过触摸来区分物品。触觉辨别也能让孩子成功地独立行动，比如扣上衬衫的扣子或者拉上拉链。为了系鞋带，孩子需要能够用手指感觉到鞋带才能成功地将鞋带打结。一个五年级的孩子如果还不会系鞋带，只能穿着尼龙粘扣鞋，则可能会有被欺负的风险。对于一些小学生来说还需要学会扎马尾辫子。触觉辨别能力对长头发的孩子来说是很必要的。当然，他们在玩芭比娃娃的时候也会用到这个能力。

触觉和本体觉系统共同作用，有助于发展我们的整体书写和协调能力。在学校里，孩子们需要能够操控铅笔、蜡笔和画笔。书写尤其需要精准运动和控制压力的能力，这样才能把铅笔牢牢地握在手里，以便在纸上流畅清晰地书写。孩子们需要感受蜡笔在他们手中的触觉，在蜡笔与纸接触时，不能太用力以免蜡笔折断或者纸被戳破。

你是否曾感觉到一只苍蝇落在你的手臂上，但你没有看一眼，就立刻把它扇走了？你是否曾在没有照镜子的情况下，擦掉嘴巴周围的面包屑？你能想象自己找不到苍蝇或面包屑的确切位置，明知道出了问题却处理不好的感觉吗？具备能够感受并判断是什么东西在触碰自己的能力非常重要，它有助于发展人体的整体协调能力，否则你就会显得很笨拙。如果安德烈碰到积木塔时知道慢慢地离开，他就不会撞倒塔，让他的朋友们难过。

在触觉处理过程中，有一个大家所熟知的症状叫触觉防御——对不会困扰大多数孩子的感觉做出负面反应或非专业反应。我们在工作中经常会看到相关的案例，我自己的童年经历里也出现过相关问题。我们鼓励家长一定要认识到孩子们有时候会哭、会激动，并不是因为他们行为不端，而是他们在遇到触觉输入后感到不舒服，产生了痛苦的感觉。这可能会对他们的日常生活造成极大的影响。当洗头发的感觉像被发夹卡住或者被针扎时，孩子自然就会想要逃避洗澡。直到今天，一想到小时候妈妈给我梳头，我就觉得很难受。她不粗暴，至少我认为她不粗暴，但是我的感觉系统就是存在那样的反应，它以一种我和家人当时都无法理解的方式运转着。

许多有触觉防御问题的孩子很难找到舒适的衣服，在洗澡时，在和别人玩耍时，尤其是在拥挤的空间，都有可能会感到不适。如果他们担心同龄人和自己会有摩擦，或者自己的袜子里面会进沙子，那他们就会选择在操场外围转悠。他们还可能会避开奶奶的亲吻，或者在看电影的时候拒绝和家人一起拥抱，因为每个人的细微动作以及所穿的不同衣服都会给他们带来很多触觉感受。我认为再跟大家强调一下这一点非常重要：不是因为孩子固执，而是某些互动真的会让他们感到身体不适。袜子上的接缝可能真的会让他们心烦。他们无意冒犯奶奶，但即使是来自奶奶轻轻的身体接触，也会让他们感到不知所措，更别说奶奶穿着粗糙扎人的毛衣去碰他们了。

感觉箱是解决触觉防御问题的一个简单有效的方式。从孩子出生开始，就可以让他们去探索不同质地的东西。花点时间让他们趴在草地上或有纹理的垫子上，给他们一些柔软、有绒毛的玩具，再给他们一些坚硬、光滑的玩具。让他们玩食物，在浴缸里玩肥皂泡。你可以在烹饪之前鼓励他们触摸和探索厨房里的所有食材。一旦孩子可以不用再吃流食，能够吃固体食物时，就给他们介绍各种各样的食物，这样他们就可以逐渐接受各种各样质地的东西。随着年龄的增长，他们会更大胆地尝试不同的味道。让他们用手吃饭，不要一看到他们脸上或手上有脏东西就伸手去擦。让他们花点时间感受食物，然后再清理或洗澡。我最喜欢的场景之一是一个穿着尿不湿的婴儿躺在沙滩上，惬意地用海藻和水擦拭自己的肚子和头发。你甚至可以制作可食用的蔬菜和水果颜料，让他们随意玩耍。安全提示：一定要避免可能导致窒息的食物，如偏硬的生蔬菜和水果、坚果、种子、葡萄干、硬糖、葡萄、爆米花、热狗。当孩子吃东西时，一定要密切留意，尤其是在他们尝试新食物时。

有些孩子对触摸不太敏感，需要大量的触觉输入。你给孩子拿来了指画颜料，你才离开一分钟，回来就发现孩子从头到脚都沾满了颜料。这样的孩子总是第一个跳进泥坑，快乐地玩着黏液，吃午餐时也会搞到满脸都是。就像我们前面提到的那些有触觉防御的孩子一样，喜欢大量触觉输入的孩子，同样可能在调节和整合这些输入方面存在问题。只是，他们的问题不是反应过度，而是反应不足，他们无法恰当地感知身体上有多少泥巴，粘在脸颊上的食物已经好几个小时，之后他们可能还会去寻找触觉输入。

触觉系统的关键作用

触觉辨别： 触觉辨别即正确处理和辨别不同性质触觉的能力。这也是我们能够做到不用看就能伸手拿到桌子上的铅笔而不会错拿剪刀的原因。如果孩子在这方面有障碍，他们可能就无法区分不同质地。还记得泰勒吗？那个曾经拥抱他的妹妹和朋友太过用力的小男孩。他可能还会遇到这样的问题：不用眼睛看就很难从玩具盒里拿出东西来。有这样问题的孩子，他们可能要过很久才知道有食物粘在脸上，他们可能在穿衣服和系鞋带时感到困难。

触觉调节：无论何时，我们总是需要恰到好处的反应。孩子的反应可能比你想象得大或小，他们可能渴望过度的触觉输入——你会发现他们在雨后赤膊上阵在泥泞中戏水，不停地触摸好朋友柔软的毛衣而打扰到他人。米奇就是一个无法获得足够触觉输入的孩子，在学前班时，大家每天都能看到他把沙子弄得满身都是。

在这一章，我们花了很多时间讨论有关触觉防御的问题，也就是当孩子们对触摸反应过度时的情况。某只袜子可能会让孩子感到疼痛，或者他们不喜欢接扎手的球——这些并不是孩子敏感或不合作，而是他们的神经系统处于警觉状态，使得他们对某样东西感到格外不舒服。我真的不停地在强调这个观点：最重要的是家长要理解孩子的反应，不要强迫他们做任何让他们感到不舒服的事情。如果他们总是担心自己会被触碰，或者被迫穿上让他们感到不舒服的衣服，你可以想象他们在操场上玩耍或者和朋友们玩泥巴时会有多艰难。此外，触觉输入不足的孩子似乎有很高的疼痛耐受，因为他们对受到的刺激反应迟钝，不能及时察觉到所触摸物体的温度，以及所触摸的物体所导致的不适感，这显然会暗藏危险。

触觉训练活动

● ● ● ● ● ● ● ● ● ● ● ●　　　串珠游戏　　　● ● ● ● ● ● ● ●

★**游戏说明：**这个游戏会使用到的触觉媒介——吸水珠，是我愿意花几个小时去玩的东西。

★**材料：** 吸水珠或任何家里可以找到的类似的东西（如豆子、意大利面、米），一个大的容器，串珠或乐高积木块，眼罩，细绳。

★**所需空间：** 小。

★**时间：** 10 ～ 15 分钟。

★**准备工作：** 把吸水珠（或豆子、意大利面、大米）倒在大的容器里，并混入串珠或乐高积木块。

★**步骤 1：** 用眼罩蒙上孩子的眼睛。

★**步骤 2：** 把他们的手放在吸水珠和串珠或乐高积木块的混合物中。

★**步骤 3：** 告诉他们用触觉，找到尽可能多的串珠或乐高积木块。

★**步骤 4：** 取下眼罩。

★**步骤 5：** 把串珠穿在准备好的细绳上，做成手链或项链。如果准备的是乐高积木块，那就让孩子把它们连成一排或搭成一座塔。

让它变得更简单一点： 把串珠或乐高积木块换成其他更大的玩具。

让它变得更难一点： 在制作手链或项链之前，不要摘下眼罩，让孩子戴着眼罩依靠他们的触觉把串珠穿在绳子上。

额外训练到的部位 / 能力： 精细运动技能。

剃须膏滑冰

1

2

★ **游戏说明：** 这是在我们的课程中，孩子们最喜欢的游戏。这个游戏是一个让孩子们接触不同质地的物体的好方法。

★ **材料：** 瑜伽垫或游戏垫或跳跳床，剃须膏。

★ **所需空间：** 大。选择一个你不介意会被弄脏的空间，因为这是一个会把游戏空间弄乱的活动。

★ **时间：** 10 ～ 15 分钟。

★ **准备工作：** 把垫子铺在地上，在上面涂上大量剃须膏。

★ **步骤 1：** 脱掉孩子的袜子，并卷起他们的裤腿。或者让他们都穿上泳衣，就像在沙滩上那样。

★ **步骤 2：** 让孩子假装在上面滑冰，即光着脚在垫子上滑来滑去。

★ **步骤 3：** 用毛巾把孩子的脚擦干净，让他们马上去洗个澡，他们需要这样做。

让它变得更简单一点： 把剃须膏涂在滑梯或某个斜坡上，让孩子在上面滑。

让它变得更难一点： 在游戏过程中添加一些障碍物，比如圆锥体形状的玩具或者几个花盆，让孩子避开。

婴儿可参与活动： 让宝宝在泡沫区域爬来爬去。

额外训练到的部位 / 能力： 前庭觉，本体觉。

手指作画

★ **游戏说明：** 用手指作画很有趣，但家长总是担心孩子们会把颜料放进嘴里。大一点儿的孩子通常喜欢发挥自己的创意来画画，也喜欢探索他们可以用食物制作的各种颜色。如果你不想自己制作蔬菜颜料，你可以使用预先包装好的菜泥。

★ **材料：** 姜黄根粉、浆果或任何其他颜色鲜艳的、软的、煮熟的蔬菜，面粉，水，每种颜色所对应的碗，马铃薯捣碎器，大的勺子，搅拌机（适用于那些难粉碎的水果、蔬菜），纸。

★ **所需空间：** 小。可以把孩子的小桌子放在厨房里。

★ **时间：** 20 分钟以上。

★ **准备工作：** 将蔬菜和水果切成小块。

★ **步骤 1：** 将水果和煮熟的蔬菜捣成泥。孩子们会很喜欢用手指捏碎浆果，当然你也可以自己把它们捣碎。我通常先让孩子们把它们捣碎，然后再把剩下的放到搅拌机里。

★**步骤 2：** 向捣碎的果蔬泥里加水，直到果蔬泥变得均匀无结块。加水搅拌后它可能变得很稀，也有可能里面有些没捣碎的小块，这都没关系。果蔬泥不需要非常均匀。

★**步骤 3：** 如果你想让颜料变得稠一点，可以缓慢加一些面粉，搅拌到你想要的黏稠度。

★**步骤 4：** 开始绘画！我建议让孩子用手指作画，但如果用一个新画笔也可以。

让它变得更简单一点： 家长为孩子做好颜料。

让它变得更难一点： 让孩子自己思考并决定可以用来制作彩色颜料的水果和蔬菜，鼓励他们去尝试。

婴儿可参与活动： 脱掉宝宝的衣服，只剩下尿不湿，然后把他放在地板上，你制作好颜料让他探索。他可能会往自己身上涂抹蔬菜颜料，甚至会试着吃上几口，只要颜料是由可食用的东西制作的就可以。

额外训练到的部位/能力： 精细运动技能。

- - - - - - 　　　**坚果小屋**　　　 - - - - - -

★**游戏说明：** 有多少次你看到孩子用他们的积木创造出杰作？这个游

戏运用了同样的创造性，同时也运用了他们的触觉系统。

★**材料：** 全麦饼干，坚果酱，碗，盘子。

★**所需空间：** 小。

★**时间：** 20 分钟以上。

★**准备工作：** 将坚果酱放在碗里，饼干放在盘子里。

★**步骤 1：** 将材料递给孩子，告诉他们可以用饼干和坚果酱盖一座房子或者一个特殊的结构。

★**步骤 2：** 让孩子用手把坚果酱作为胶水涂在饼干的边缘上，然后把它们粘在一起，建成一座房子。

★**步骤 3：** 让孩子用新的食物继续发挥想象力进行创造。他们能用芹菜搭建一个帐篷吗？

让它变得更简单一点： 如果孩子觉得直接用手涂坚果酱有些困难，可以借助画笔或小勺子。

让它变得更难一点： 你先搭建一个结构，然后让他们建造一个看起来一样的结构。

额外训练到的部位 / 能力： 精细运动技能，视觉。

● ● ● ● ● ● ● ●   **大象便便**   ● ● ● ● ● ● ● ●

★**游戏说明：**你可能见过欧不裂 [①] 的制作教程，也许你还自己制作过。我们有一天在丛林营地发现它很像大象的粪便，于是决定叫它"大象便便"，孩子们觉得这个称呼更有趣，更吸引人。

★**材料：**玉米淀粉，水，碗，棕色食用色素，量杯，塑料桌布或地板垫。

★**所需空间：**小。

★**时间：**20 分钟以上。

★**准备工作：**将所有的材料放在桌子上。让孩子穿不介意弄脏的衣服。他们还可以穿一件罩衫，避免衣服被食用色素弄脏。

★**步骤 1：**以 1∶2 的比例在碗中加入水和玉米淀粉。我建议从一杯水和两杯玉米淀粉的量开始。

★**步骤 2：**让孩子用手开始搅拌，直到它们都均匀地混合在一起。

★**步骤 3：**加入几滴食用色素，大象的粪便为棕色或绿色，用勺子将其搅拌均匀。

★**步骤 4：**让孩子开始探索"大象便便"的质地变化。帮助他们观察它在碗里看起来像液体，但在他们手中变成了固体的现象。

---

① 欧不裂（oobleck）是一种用玉米淀粉和水以一定的比例调和而成的混合物。它有一种奇特的物理性质，如果慢慢对它施压，它就是一般的液体；如果用力施压，它就变成了固体。——译者注

让它变得更简单一点： 预先制作好"大象便便"，然后让孩子玩它。

让它变得更难一点： 让孩子自己决定加入哪种颜色才能制作出棕色的欧不裂。

额外训练到的部位 / 能力： 本体觉。

蒙眼拼装

1   2   3

★ **游戏说明：** 在这个游戏中，你不需要把周遭弄得乱七八糟来激活孩子的触觉系统。这是一个在保持整洁的同时，促进孩子触觉发育的游戏。

★ **材料：** 1 个空的正方形或长方形的纸巾盒，4 个可放入纸巾盒的卫生纸的硬纸管（如果大小不合适可以把它们裁小，以适应纸巾盒的大小），眼罩。

★ **所需空间：** 小。

★ **时间：** 5 ～ 10 分钟。

★ **准备工作：** 把硬纸管放在孩子的一边，纸巾盒放在另一边。

★**步骤 1：**蒙上孩子的眼睛。

★**步骤 2：**让孩子摸来摸去，找到硬纸管和纸巾盒。我喜欢让纸巾盒的开口朝下，这样他们需要摸一摸盒子才能找到。

★**步骤 3：**让孩子运用触觉把硬纸管放进纸巾盒子里。

让它变得更简单一点：把纸巾盒和硬纸管逐个放在他们的手里，这样他们就不用自己依靠触觉来找到它们了。

让它变得更难一点：使用计时器来限制游戏时间。

婴儿可参与活动：不用给宝宝戴眼罩，让他自己尽情地探索这个游戏吧。

额外训练到的部位 / 能力：精细运动技能。

找到，拿出

★**游戏说明：**这是我们在训练触觉辨别能力时经常会用到的一个游戏，它还可以用来在长途飞行中消磨时间。

★**材料：**不透明的空袋子如一个小拉绳袋，小玩具如汽车、积木、小玩偶或塑料动物，眼罩。

★**所需空间：**小。

★**时间：**10 ～ 15 分钟。

★**准备工作：**将小玩具放入袋子里。你需要记住你放的是什么玩具。

★**步骤 1：**蒙住孩子的眼睛，或者如果你有一个拉绳袋，那么他们只需把手伸进去，不用蒙双眼，他们看不到里面是什么。

★**步骤 2：**告诉孩子该拿哪件小玩具。

★**步骤 3：**让孩子只运用触觉找到并拿出你说的那样东西。

让它变得更简单一点：袋子里只放两三个不同的小玩具。

让它变得更难一点：选择触感相同但有多种不同形状的玩具，比如七巧板。

婴儿可参与活动：把有纹理的球或玩具放在一个袋子里，让宝宝伸手去拿一个。

额外训练到的部位 / 能力：精细运动技能。

凌乱的足浴

★**游戏说明：**你可能见过适合孩子做的足浴，盆里面装满了吸水珠，看起来很酷。但无论何时，当你拥有了如同在沙滩上的感觉时，一切都会变得更有趣。

★**材料：**沙子（你也可以混合麦片自制沙子），桶或足浴盆或普通的小盆（能让孩子的双脚放进去），高度合适的椅子（能够让孩子的脚接触到水桶的底部），水，食用色素（可选），弹珠（可选）。

★ **所需空间：** 小。

★ **时间：** 15 ～ 20 分钟。

★ **准备工作：** 把沙子倒进桶里，然后加半桶水。如果你想让它看起来像海洋，可以加入蓝色的食用色素。

★ **步骤 1：** 放一些舒缓的音乐。

★ **步骤 2：** 让孩子把脚放进桶里，探索脚踩在沙子上的感觉。

★ **步骤 3：** 添加弹珠让孩子获得额外的触觉体验。

★ **步骤 4：** 加入其他质地的东西，重复上述过程。如果把玉米淀粉或者大米、豆子倒进桶里会如何呢？

让它变得更简单一点： 如果孩子不适应直接接触这些质地的东西，就让他们穿上防水鞋或袜子。

让它变得更难一点： 他们能用脚找到沙子里隐藏的弹珠吗？

婴儿可参与活动： 让宝宝坐在盆里或浴缸里感受并玩耍。

额外训练到的部位 / 能力： 本体觉。

意大利面艺术品

★ **游戏说明：** 这个游戏会让我回想起夏令营时用意大利面做项链和太阳的记忆。

★ **材料：** 手指颜料（无毒），碗（每种颜色的颜料对应一个碗），盘子（每种颜色的颜料对应一个盘子），意大利面（最好是像通心粉一样的短圆柱体），纸，胶水，细绳（如果你要制作一条项链的话），工作服。

★ **所需空间：** 小。

★ **时间：** 30 分钟以上。

★ **准备工作：** 将每种颜色的颜料分别倒入不同的碗中，同时准备好对应的盘子。在桌子上盖上一层桌布以防颜料洒出来。给孩子穿一件工作服，避免衣服沾上颜料。

★ **步骤 1：** 在每个装有颜料的碗中都倒入一些意大利面。

★ **步骤 2：** 让孩子用手搅拌意大利面，使意大利面被完全染色。鼓励他们尽情搅拌，即使弄得很乱也没关系。

★ **步骤 3：** 把意大利面从碗里舀出来，放到每个颜色对应的盘子里晾干。你可以在盘子上放一些蜡纸，这样它们就不会粘在一起了。

★ **步骤 4：** 意大利面干了之后，把它们串起来做成项链，或者把它们粘在纸上，创作出不同的图案。看看孩子们会交出什么样的作品给你。

让它变得更简单一点： 如果孩子直接接触这些质地的东西时不舒服，那就让他们戴上手套，或者让他们用勺子搅拌。

让它变得更难一点： 他们能蒙住眼睛搅拌吗？他们可以用手混合不同颜色的颜料，来创造出更多的新颜色吗？

婴儿可参与活动： 让宝宝用手玩煮好的意大利面。

额外训练到的部位/能力： 精细运动技能。

● ● ● ● ● ● ● ●　　　　**彩虹面条**　　　　● ● ● ● ● ● ● ●

★游戏说明： 还记得在特殊场合吃绿鸡蛋和火腿是多么令人兴奋吗？那吃彩虹意大利面又会感觉如何呢？

★材料： 煮熟的意大利面，大碗，小碗，食用色素，密封塑料袋。

★所需空间： 小。

★时间： 10 ～ 15 分钟。

★准备工作： 意大利面煮熟后，放凉，然后放进一个大碗里。如果你想要多种颜色的意大利面，就把它分装到几个碗里。

★步骤1： 一定要让孩子把手好好洗干净。

★步骤2： 在碗里滴几滴食用色素。

★步骤3： 将煮好的意大利面倒入碗里，让孩子用手将意大利面与色素混合均匀。

★**步骤 4：**给孩子其他颜色，并重复这个过程。

★**步骤 5：**把彩虹意大利面装盘，加一些配料，就可以享用了。

★**步骤 6（可选）：**如果你不想吃意大利面，也可以将彩虹意大利面放到感觉箱里；或者把意大利面放入一个大的容器中，让孩子把手和脚放进去，探索意大利面的质地；或者让他们切断和撕扯意大利面。

让它变得更简单一点：借助勺子混合搅拌意大利面和色素。

让它变得更难一点：让孩子同时用两只手来混合搅拌意大利面和色素。

婴儿可参与活动：让宝宝穿上尿不湿，在地上铺上防水布或毛巾，让他把意大利面弄得满身都是。

额外训练到的部位 / 能力：本体觉。

粉笔旅程

1　　　　　　　　2　　　　　　　　3

★**游戏说明：** 这个游戏的灵感来自我童年最爱的游戏——在雪地上踩脚印！现在我住在阳光明媚的加利福尼亚州南部地区，没办法经常感受雪地，于是我把它设计成了一个游戏，特别适合那些总喜欢光着脚走路的孩子。

★**材料：** 粉笔。

★**所需空间：** 中。

★**时间：** 5～10分钟。

★**准备工作：** 无须准备。只要确保有一个空的车道或人行道，或者在操场上。

★**步骤1：** 用粉笔给孩子的脚底和手掌上涂上颜色。我发现把粉笔弄断后更好用，更适合在他们的脚上涂色。

★**步骤2：** 让孩子用自己的脚印和手印为你设计一条你要走的道路。在这个过程中，他们可以加入跳房子游戏，或做一些瑜伽动作。

★**步骤3：** 跟着孩子走，或者找个朋友看能不能跟上他们。

让它变得更简单一点： 你用粉笔标出道路，并让孩子跟着走。或者玩跳房子游戏，让他们跳过去。

让它变得更难一点： 让孩子设计一个跨越障碍的活动，并试试看自己能跳过去吗？能单脚跳过去吗？

婴儿可参与活动： 用粉笔给宝宝的脚底涂上颜色，让他四处走走，看看自己的脚印，或者让他把脚印印在纸上。

额外训练到的部位 / 能力：实践能力。

· · · · · · ·　　泡沫艺术品　　· · · · · · ·

1　　　　2　　　　3　　　　　4　　　　　5

★**游戏说明：**这是另一款深受孩子们喜爱的游戏。它是手指作画的升级版，更酷，更能让孩子们感受到不同质地东西的触感。

★**材料：**彩色肥皂泡沫，胶水，美术纸，碗，防水布或旧衣服（防止泡沫溅出）。

★**所需空间：**小。

★**时间：**20 ～ 25 分钟。

★**准备工作：**将所有的材料放在桌子上。

★**步骤 1：**在碗里挤一瓶肥皂泡沫。

★**步骤 2：**向泡沫中倒入胶水。

★**步骤 3**：用勺子将胶水和泡沫充分混合。

★**步骤 4**：将泡沫和胶水的混合物薄薄地涂抹在准备好的美术纸上。

★**步骤 5**：让孩子用食指在涂抹了混合物的美术纸上画一幅画，或者写上他们的名字。

★**步骤 6**：晾干后，欣赏它的艺术魅力。

让它变得更简单一点：不用在美术纸上创作一幅艺术作品。在装有肥皂泡沫和胶水的混合物的碗里藏一些玩具，让孩子用手寻找并探索它们的质地。

让它变得更难一点：孩子能在蒙住眼睛的情况下把自己的名字写在涂有混合物的美术纸上吗？

额外训练到的部位 / 能力：精细运动技能。

抽象派画作

★**游戏说明**：我是儿童抽象画的超级粉丝，我愿意把孩子们画的画裱起来，作为一种独特的墙壁艺术。你也可以尝试用孩子创作的抽象艺术画来装饰你的墙壁！

★**材料**：小球（如果你有各种不同材质、不同大小的小球，那就更好了），颜料（任何颜色都行，可以选择孩子喜欢的颜色），每种颜色的颜料对应一个容器（这个容器需要足够大，确保小球能够被颜料覆盖，但也不能太大，避免找不到球），纸。

★**所需空间：** 中等。

★**时间：** 15 ～ 20 分钟。

★**准备工作：** 在每个容器中倒入一种颜色的颜料。给孩子以及游戏区域提前做好防护，防止颜料溢出或飞溅。

★**步骤 1：** 让孩子在盛有颜料的容器中滚动一个球，让球被颜料完全覆盖。

★**步骤 2：** 让孩子在纸张上滚动这个球，进行抽象画的创作。

★**步骤 3：** 重复步骤 1 ～ 2，并使用其他更多的颜色。

★**步骤 4：** 晾干颜料，并把画裱起来。

让它变得更简单一点： 在滚动球蘸颜料时，让孩子戴上手套操作，或者把画纸和沾有颜料的球同时放在一个托盘上，摇晃它们进行创作。

让它变得更难一点： 把纸放在地上，轻轻地把球推到它上面。如果你想要一幅更大的画，可以让孩子尝试使用足球和粉笔来装饰你的私家车道。

额外训练到的部位 / 能力： 视觉。

洗车

★**游戏说明：** 如果在一个阳光明媚的日子里，这个游戏能让孩子在厨房里或室外忙上几个小时。

★**材料：** 洗洁精，水桶或大碗，一桶水，毛巾，玩具车或其他小玩具，硬毛刷子。

★**所需空间：** 中等。

★**时间：** 25 分钟以上。

★**准备工作：** 在桶里或碗里倒入大量洗洁精，并加少许水。

★**步骤 1：** 洗车店营业啦！让孩子把他们要洗的玩具车放到洗洁精里，用手和硬毛刷开始洗车，把车擦洗干净。

★**步骤 2：** 把玩具车移到装满水的水桶边进行冲洗。

★**步骤 3：** 把玩具车放在毛巾上晾干。

★**步骤 4：** 重复上述步骤，直到所有的玩具车都洗干净。

让它变得更简单一点： 不放洗洁精，只用水来洗车。

让它变得更难一点： 再加一个硬毛刷，让孩子用两个刷子一起刷车来锻炼双侧协调能力。

额外训练到的部位 / 能力： 精细运动技能。

● ● ● ● ● ● ● ● 　　　**柑橘邮票**　　　 ● ● ● ● ● ●

★ **游戏说明：** 这是一种让孩子制作出美丽可爱的冰箱贴画的方法。

★ **材料：** 柑橘类水果，纸，水基颜料，盘子，刀。

★ **所需空间：** 小。

★ **时间：** 25 分钟以上。

★ **准备工作：** 倒一些颜料在盘子里，将柑橘类水果切成两半。

★ **步骤 1：** 让孩子把水果浸入颜料里，果肉朝下。

★ **步骤 2：** 把涂有颜料的水果压在纸上，压出印记作画。

★ **步骤 3：** 使用更多的颜色进行创作。

让它变得更简单一点： 提前帮孩子把水果浸到颜料中。

让它变得更难一点： 让孩子自己把水果切成两半。

额外训练到的部位 / 能力： 嗅觉。

其他触觉训练活动

触觉游戏可能会让周遭变得很混乱，但记住要学会接受让孩子触摸那些脏乱的东西，不要总用湿纸巾给他们擦干净。

庭院 / 户外游戏

▶ 在草地上玩耍。

▶ 在泥里玩耍。

▶ 用沙子搭建城堡。

▶ 赤脚在泥坑里玩耍。

桌上游戏和其他类别游戏

▶ 手指作画。

▶ 玩橡皮泥。

▶ 玩黏土。

▶ 玩大米感觉箱。

▶ 玩沙盒 / 沙盘。

▶ 玩豆类感觉箱。

▶ 玩吸水珠。

▶ 用手烹饪（用手代替其他器具）。

▶ 贴贴纸。

▶ 探索不同质地的材料。

▶ 感受和找寻类游戏。

▶ 触觉搜索和匹配类游戏。

PLAY TO
PROGRESS

第 5 章

视觉

看得清楚，才能学得明白

在本章，让我们开始深入探讨你现在正在使用的感觉系统——视觉。当然，即使我不专门讲解，你们也应该知道，是视觉系统让你能够在绿荫下看到孩子们在草地上玩耍，看到他们脸上天真烂漫的笑容。而且值得一提的是，视觉系统还会和身体的那些隐藏的感觉系统一起工作，让孩子可以完成视觉感知类任务，比如完成拼图，用纸剪出一个圆，等等。视觉系统对于孩子的学习能力和协调能力的良好发展发挥着重要的作用。事实上，即使一个孩子的视觉系统发育得很好，但如果有太多的视觉输入需要他处理，那他的睡眠和注意力也会受到影响。

当孩子在视觉输入方面有问题时，这对孩子和父母来说都将是一个挑战。我想跟大家分享一个我此前的客户阿兰娜的故事，在她还是个婴儿时，只要接收到很多的视觉输入，比如应接不暇的环境、电视画面、大量物体的移动，她就会尖叫并闭上眼睛。她的父母试图通过靠近她的脸或在她面前摇晃玩具，来让她平静下来，但这只会让情况变得更糟。阿兰娜更喜欢没有视觉输入的黑暗空间。她在运动方面也遇到了问题，而且还晕车，所以你可以想象，住在洛杉矶对阿兰娜来说有多艰难，因为那里的孩子总是需要长时间坐车。了解了阿兰娜的情况后，我们为她定制了每周的训练活动，经过几个月密集的感觉统合训练，阿兰娜的情况得以好转，现在已经变得朝气蓬勃了。阿兰娜的例子相对极端，但不可否认的是，有时一个很挑剔的婴儿，可能确实是在处理感觉输入方面有困难，因此，不能把过多的玩具放在他面前，这会让他有超负荷的感受。如果你把一个视觉敏感的孩子放在色彩极为丰富的房间里，他甚至会有种自己被淹没的感觉。

在幼儿园、孩子们的卧室、教室和游戏室里，用三原色装饰是很常见的。如前所述，我会为学校和家长们提供关于如何布置教室和游戏室的咨询服务，这是我的一大爱好。因为我深知，如果让孩子们处在超负荷的环境中，就会削弱他们的能力。所以，在我们进一步展开视觉系统的讨论之前，我想给大家提供一些关于将视觉输入最小化的建议，以确保孩子们能够规范有效地进行自我调节。

我在此前的训练课程中，没有在墙上进行任何过多的装饰。我们不使用鲜艳的颜色，而以柔和的色调作为基础，以明亮的颜色作为风格点缀。我们工作室里的玩具柜都有门，这样用不到的玩具就可以放进去藏起来。在健身房，每一个球都被放在一个贴上标签的、不透明的箱子里。我们的玩具也比你想象的要少得多，因为相对于数量，我们更注重质量。视觉上的杂乱会让人分心，我们希望尽可能避免房间里出现凌乱的小摆设、杂乱无章的文件和散落的玩具。

打造一个令人平静的空间

为了打造一个没有过分视觉刺激的空间，这里有一些我此前在课程中遵循的指导方针，在你们家里也同样适用。

● 只在墙上放几样东西。

如果墙上、架子上和地板上放满了海报、大的霓虹灯画、手机或小摆设等东西，很容易造成孩子的视觉混乱，并且分散注意力。

● 使用柔和的颜色。

保持家里的颜色柔和平静，不要装霓虹灯。

● 布置好空间，这样所有的玩具在收纳时都能很好地隐藏起来。

理想情况下，不要把玩具放在孩子的卧室里。

如果玩具必须存放在孩子的卧室里，那就把它们放在可以关闭的箱子或可以开关的储物盒里。你可以拍一张所存放的玩具的照片，并把照片贴在箱子的顶部或侧面。因为有了这张照片，即便孩子还不识字，也可以帮你一起进行收纳整理。宜家就有那种价格实惠且颇具吸引力的玩具储物箱。

● 使用暖色调的黄色灯光。

远离明亮的白色荧光灯。

● 拥抱极简主义风格。

极简主义一方面是我的个人喜好，另一方面我觉得对孩子来说没有那么大的视觉刺激。

**感统训练
工具箱**

打造一间令人平静的教室

● 在墙上悬挂小的海报和图表。

虽然那些激励性海报上的口号可能会鼓舞人心，但它们往往会造成过度刺激，更加不利于感觉统合。墙上任何多余的图表，甚至包括数轴，也应该尽量减少。

● 不要使用过度刺激的信号。

牛铃或闪烁的灯光可能会产生过度刺激，我建议使用一些轻柔的东西，比如平静的响指声和柔和的编钟声。

● 保持书架井然有序。

把书架、工作用的架子、桌面以及文件夹整理好，如果可能的话，离孩子们的桌子远一点。

● 使用柔和的颜色，保持色调一致。

在学校用品店买到的东西通常颜色都很鲜艳，过于刺激。最好使用柔和的颜色，并保持色调一致。

● 搭建一个安静的角落。

搭建一个舒适的地方，比如帐篷。如果孩子们感到过度刺激，可以去那里让身体平静下来，读一本书，放松一下。

● 营造一个没有视觉刺激的工作环境。

有些孩子，像成年人一样，需要一个没有视觉刺激的工作区域。为那些需要安静空间的孩子准备一个小隔间，让他们可以专心做事。

大多数婴儿从出生的那一刻起，就能看见东西，但他们还不能明确辨别构成我们日常生活的所有视觉细节。在出生后的三个月里，婴儿只能看到颜色对比强烈的物品，比如颜色为黑白的东西，这就是市面上会有那么多黑白婴儿玩具的原因，这也是我们在训练课程中会加入斑马元素的原因。在最初的几个月里，家长需要注意的是，宝宝是否会看着你的脸并对你做出反应。当你低下头和宝宝说话时——我确信宝宝一定可爱到让你无法自拔，他也会对你微笑回应，这种微笑和轻哼声是其成长发育过程中的基本要素。在针对三个月大的婴儿的亲子课程中，我们教给父母的第一件事就是趴在地上，这样他们就能和孩子面对面交流。然后，父母慢慢地把他们的身体从一边移到另一边，如果你在家就这样做，孩子应该会开始跟随你的移动进行反应。你也可以通过在他们面前慢慢地从一边移到另一边的同时，挥舞他们心爱的玩具来观察这种反应。他们会用眼睛追踪玩具，这意味着他们的视觉会跟着物体的移动而进行协调式移动，而不需要通过左右摇头来完成。婴儿还将不断开发自己的视觉处理技能，比如玩各种玩具，伸手去拿挂在汽车座椅前的一个玩具或在游戏垫上的玩具。当婴儿会爬了，变得更加活跃后，他们会进一步探索自己的视觉系统。在会走之后，他们就会探索得更多。

作为职业治疗师，我们不仅关注孩子的视力是多少，还会关注视知觉、动眼技能（眼跟踪）、视觉运动整合技能以及手眼协调能力。

111

视觉系统是如何工作的

我会把视力测试这项工作留给眼科医生和验光师，因此，我不会用眼睛的解剖学知识来烦你们，因为那不是我的专长。我要带你们进入的领域是关于视觉系统你可能不知道的相关信息，以及它是如何影响每个人的。简而言之，就是人体是如何处理视觉信息的（见图 5-1）。

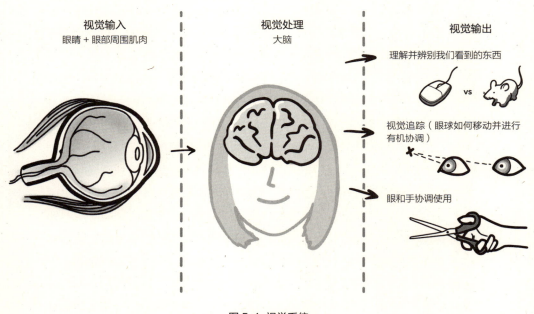

图 5-1 视觉系统

前庭觉系统与视觉系统一起工作，帮助孩子阅读和在舞蹈课上完成旋转动作。让我们简要回顾一下前庭-眼反射，它将眼睛与移动的身体联系起来，能让我们在头部移动时保持视线稳定。它会在这些情景下发挥作用：当孩子看着黑板和桌子上的笔记时，当孩子在越野赛跑到最后一圈看到人群中欢呼的父母时。如果孩子在前庭-眼反射方面存在障碍，那么在阅读时，即使是头部的微小运动对他们来说也会是很大的挑战，这对上学的孩子来说会产生怎样的影响可想而知。我们可以进行一项叫作旋转后眼球震颤的症状测试，这是一种身体旋转后眼球来回颤动的症状，通过这个测试可以让我们了解前庭觉系统是如何运作的。你可能会看到这样的场景：在一个闲散的下午，理疗室的员工们转来转去，然后互相看着对方的眼睛，来了解他们的前庭觉系统。

视觉系统的另一个方面是动眼技能。前庭 - 眼反射是一种动眼技能，就像你可能听说过的眼动跟踪一样。当孩子看着球在地上滚来滚去时，是有 6 块微小的肌肉在相互协调配合眼球移动。当他们长大后，看到房间另一边有一位自己迷恋的人，但同时要尽可能地保持低调的时候，这也需要调动动眼技能。当我们谈到眼动跟踪时，我们实际上是在评估眼睛是如何运动和协调的。当你把生日蛋糕端上桌的时候，想想孩子的反应是什么。他们可能正坐在椅子上，但当蛋糕进入他们的视野时，他们的眼睛就像黏在蛋糕上一样，这就是所谓的平滑追踪。我们还观察视觉扫视，这是眼睛的快速运动，就像跳跃一样，这意味着孩子没有追踪或跟随某个特定的东西，而是在周围的环境中快速地转移他们的目光。当孩子在操场上扫视时，就可以运用这一视觉功能来确认朋友去了哪里。除此之外，动眼技能还包括双眼聚集和发散，前者使目光能够聚集在一起，观察近处的物体，后者使目光分散，以观察远处的物体。

对孩子来说，以多种方式感知世界并与之互动是至关重要的。让我们从视觉注意力开始谈起。视觉注意力有多个组成部分，包括专注于正在做的事情。它可以让孩子们在任何特定的情况下都能专注于自己需要做的事，而忽略其他的信息，比如看着老师而忽略教室外的东西。它还能让孩子把注意力成功地分散在两件事上，比如一边踢球一边盯着球门。

视知觉是我们理解并弄清楚所见事物的能力。一个视力很好的孩子，在视知觉方面也可能会存在困难，这样就会对学习和运动产生不利影响。以下是视知觉的几个关键组成部分。

图形背景： 能在所看到的背景中发现一个图像的能力，比如找到一个人。

视觉记忆： 就像字面意思那样，这是关于记住自己所见过的东西的能力。比如当孩子要画出一个物体的形状时，他就需要先记住之前看到它的样子。

视觉闭环： 能够通过部分而感知整体图像的能力。比如，某个拼图的一角藏在沙发下面，孩子看到这一角，就知道了这是那张拼图里的一块。

形态稳定性： 这是一种识别物体的能力，即使这个物体处于不同的状态下，比如倒置或角度发生变化，我们也能识别出来。同样以上面提到的那块拼图为例，现在将其翻转，孩子应该也能认出它是一个三角形。

视觉顺序记忆： 能以正确的顺序记住目光所及物体的能力。当孩子需要写出电话号码或做数学题时，这一点很重要。

视觉空间关系： 这是一种理解物体在空间中所处位置的能力。这包括理解像"在前面"或"在上面"这样的方向，并影响对深度的感知。它也有助于建立方向感，并帮助孩子在写字时保持适当的字间距。

视觉分辨： 这是一种辨别物体之间差异的能力，尤其是那些有细微差异的物体，比如"p"与"q"、"b"与"d"。

当孩子要画一个三角形或写他们的名字时，他们首先要用视知觉来感知三角形和汉字，然后使用这些信息，并运用精细运动技能写下来。抄写板书需要调动视觉运动技能，你可以想象这些技能在孩子们的日常生活和学业中扮演着多么重要的角色。

我听很多父母谈论手眼协调能力，但出于某种原因，他们以为这是身体的本能，并没有把它和视觉系统联系起来。事实上，手眼协调能力与视觉系统的调动息息相关，从引导孩子如何拿拨浪鼓到打网球，都与之相关。我们的目标是让眼睛和手能够流畅地协调运作起来，比如让孩子能够在后院接住并扔出飞盘，或者能够为妈妈穿项链。

我之前就提到过，即使孩子的视力非常好，他仍然可能会有视觉处理障碍。这意味着他的大脑在如何使用上述视觉技能对看到的信息进行处理方面遇到了问题。你可能会注意到，孩子可以快速浏览字母，但很难写出同样的形状，或者他们书写的字母间距太近或太远。记住，当孩子刚开始学习写字时，他们很有可能会写得太大、太小或不匀称，这些都很正常，但一般这种现象会在孩子 7 岁左右的时候消失。

视觉系统的关键作用

视觉分辨：这是孩子区分物体之间细微差别的能力，比如"m"与"n"、"b"与"d"之间的差别。同时，视觉分辨也能帮助他们理解不同观察对象之间的位置关系，比如特别关注某一页纸上的重点信息，区分背景和前景，记住所看到的内容及其排列顺序，在没有看到某样东西全貌的情况下仍能找到它。如果一个孩子在视觉上有分辨障碍，在学校的每一天他都将面临挑战。

我还想强调的是，让孩子更多地去亲身参与一些活动，体验这个世界将对其视觉分辨能力的发育大有裨益。在这个过程中，他们会更好地了解与之产生互动的各种事物及其性质。例如，孩子需要体验玩球的过程，这样才能充分体会到球是三维的、有重量的、有特定形状的物体。而如果只是在屏幕上玩球，并不能让他们识别出球的所有属性。如果他们有机会去玩球，之后再看到球的图片时，他们才会真正明白这是一个三维物体。

视觉调节： 一些孩子对视觉刺激反应过度，这意味着他们在明亮的灯光下可能会觉得不舒服，还有可能会斜视。他们可能会被周围的同学、五颜六色的海报和杂乱的视觉呈现分散注意力。当然也有可能出现相反的情况，即孩子对视觉刺激反应迟钝，并寻求更多输入，比如想看明亮的灯光或旋转的物体。

视觉系统训练活动

● ● ● ● ● ● ● ● **对称的蝴蝶** ● ● ● ● ● ● ● ●

1   2   3 + 4

★**游戏说明：** 这个游戏将为你留下一只美丽的蝴蝶，随时准备飞走。

★**材料：** 纸，马克笔或彩色铅笔。

★**所需空间：** 小。

★**时间：** 10 ～ 15 分钟。

★**准备工作：** 参考上面插图中的蝴蝶，你可以照着画，也可以自由发挥。把一张纸对折，在纸的一边画出蝴蝶的一只翅膀。孩子会照着你画好的，在纸的另一边作画，所以别画得太难。你不必让它看起来像一只真正的蝴蝶，只要确保画一些孩子可以画的形状，然后让孩子在他们画的那半只蝴蝶上涂色。

★**步骤 1：** 确保孩子坐在桌子旁，双脚着地。最好是选择一张空桌子，可以减少视觉干扰。

★**步骤 2：** 向孩子解释蝴蝶是对称结构的，两边要相互对称，你已经画好了蝴蝶的一只翅膀并给它上了色，他们的任务是照着你画的，画出蝴蝶的另一只翅膀并上色。

★**步骤 3：** 让孩子去画蝴蝶，确保他们与你画的蝴蝶翅膀是对称的。

★**步骤 4：** 让孩子给蝴蝶涂上颜色，使两边对称。

让它变得更简单一点： 你来负责画出整只蝴蝶，孩子只需要负责给蝴蝶的翅膀上色即可，但颜色要对称。

让它变得更难一点： 添加多个图案和其他的形状，让孩子对照着画。

额外训练到的部位 / 能力： 精细运动技能。

滚动的动物

1 + 2   3 + 4   5   6 + 7

★**游戏说明：** 这可能会是一个充满挑战的游戏，但也真的很有趣，所以孩子们甚至没有意识到他们有多么努力地参与其中。

★**材料：** 动物图片，可以使用从网上下载并打印出来的大图或从杂志上剪下来的图片。

★**所需空间：** 大。

★**时间：** 10 ～ 15 分钟。

★**准备工作：** 确保有一个大的开放空间，并把动物图片堆在一起。

★**步骤 1：** 站在孩子的对面。

★**步骤 2：** 让孩子趴在地上，摆出准备滚动的姿势，就像木头滚动一样。

★**步骤 3：** 一次举起一张动物图片。

★**步骤 4：** 孩子开始朝你滚动。

★**步骤 5**：边滚动边告诉你你举的是什么动物，中间不能停下来。

★**步骤 6**：不停地更换动物图片，这样孩子就必须在滚动的同时关注并识别你手中的动物。

★**步骤 7**：当孩子滚到你身边时，让他们往回滚动，重复同样的任务。

让它变得更简单一点：慢慢地更换动物图片，你可以让孩子滚动几圈之后再换下一个动物图片。

让它变得更难一点：使用文字代替动物。举起一组文字，让他们大声读出来。

额外训练到的部位 / 能力：前庭觉系统。

垃圾桶寻宝

★**游戏说明**：这个简单的游戏所需空间很小，可以使用你在抽屉里找到的任何东西。

★**材料**：一个垃圾桶（随机装满一些非常小的物品，比如回形针、橡皮擦、铅笔），大珠子，细绳。

★**所需空间**：小。

★**时间**：10 ～ 15 分钟。

★**准备工作**：将珠子倒入垃圾桶，将细绳放在旁边。

★**步骤 1：** 让孩子为你（或他们自己）做一条项链。

★**步骤 2：** 孩子可以把手伸到垃圾桶里，边朝里面看边翻找，从中挑出珠子。

★**步骤 3：** 把珠子穿在绳子上。

★**步骤 4：** 戴上项链。

让它变得更简单一点： 在装有珠子的垃圾桶里少添加一些小物品。

让它变得更难一点： 使用计时器，看看孩子多快能找到珠子。

婴儿可参与活动： 把宝宝最喜欢的玩具藏在垃圾桶里，并在桶里混入其他物品，让他找到自己喜欢的玩具。

额外训练到的部位 / 能力： 精细运动技能。

● ● ● ● ● ● ● ●　　　　形状洗牌　　　　● ● ● ● ● ● ● ●

1　　　　　　2　　　　　　3　　　　　　4

★**游戏说明：** 这是一款考验记忆的游戏，具有一定的挑战性。你可以用家里的七巧板或其他玩具来做这个游戏。

★**材料：**10 个颜色不同的形状或 10 个小玩具。

★**所需空间：**小。

★**时间：**15 ～ 20 分钟。

★**准备工作：**将这些形状混合在一起，从中选出 5 个。

★**步骤 1：**把这 5 个形状排成一行，创建一个序列。

★**步骤 2：**让孩子用 30 秒的时间，观察这个序列。

★**步骤 3：**让孩子打乱这些形状的顺序。

★**步骤 4：**让孩子把这些形状按照最初的顺序摆放。

★**步骤 5：**再创建一组不同形状的序列，重复上述步骤。

让它变得更简单一点：选择 3 个形状为一个序列，而不是 5 个。

让它变得更难一点：当把这些形状混合打乱时，加入一些其他新的形状，这样孩子就需要从 5 个以上的形状中选择。你也可以添加一些形状相同但颜色不同的形状。

额外训练到的部位 / 能力：实践能力。

动物大逃脱

★**游戏说明：** 动物们逃走了，只有孩子才能找到它们！

★**材料：** 小的动物玩具或者毛绒动物玩偶。

★**所需空间：** 中等。

★**时间：** 10 ～ 15 分钟。

★**准备工作：** 将准备好的动物玩具隐藏在房间的各个地方，只露出玩具的一小部分。比如，试试藏在床底下，或者藏在一个半开的抽屉里，让动物的头探出来。

★**步骤 1：** 告诉孩子，动物们出逃啦，正在躲避所有的动物园管理员，他们需要找到这些动物。

★**步骤 2：** 给孩子一个具体的任务，如，"先找到斑马！"

★**步骤 3：** 继续游戏，直到找到所有的动物。

★**步骤 4：** 把动物送回动物园，可以用盒子或某种容器充当动物园。

让它变得更简单一点： 让每只动物在它们的藏身处多露出来一点儿。

让它变得更难一点： 选择颜色相同、外表相似的动物。

婴儿可参与活动： 把宝宝最喜欢的玩具藏在毯子下面，让宝宝找到它们。

额外训练到的部位 / 能力： 本体觉。

给乐高分类

1　　　　　　　　　　2　　　　　　　　　　3

★ **游戏说明：** 没有什么比看着摆放整齐的乐高更让我开心的了。这个活动让整理东西变成了一个游戏。

★ **材料：** 乐高积木，3 个箱子，计时器。

★ **所需空间：** 中等。

★ **时间：** 10 ～ 15 分钟。

★ **准备工作：** 将乐高积木和 3 个箱子放在地上。

★ **步骤 1：** 告诉孩子，你们要玩一个游戏，看看他们能以多快的速度把乐高积木分类。向他们解释他们需要将乐高积木按大小分开，小的乐高积木会放在一个箱子里，中等的放在另一个箱子里，大的放在最后一个箱子里。

★ **步骤 2：** 启动计时器，设置为 5 分钟，然后说 "开始"。

★**步骤3：** 5分钟倒计时结束后，检查乐高积木是否被放入正确的箱子内。

让它变得更简单一点： 不用计时器限制时间，让他们按照自己的节奏来。

让它变得更难一点： 他们能区分形状相差不大的乐高积木吗？例如，颜色相同，区别在于两排、三排还是四排的乐高积木块。

婴儿可参与活动： 容器类游戏总是最好的选择。宝宝能区分麦片和水果吗？让他把麦片放在一个碗里，水果放在另一个碗里。

额外训练到的部位 / 能力： 精细运动技能。

拼写字母圈

| 1 | 2 | 3 |

★**游戏说明：** 这个游戏很适合那些在写字母和写名字方面有困难的孩子。孩子们经常也喜欢写父母和兄弟姐妹的名字。

★**材料：** 扭扭棒或彩色蜡条。

★**所需空间：** 小。

★**时间：**15 ～ 20 分钟。

★**准备工作：**将扭扭棒或彩色蜡条弯曲成孩子名字的拼音字母。

★**步骤 1：**把桌子上的字母混在一起，有些字母上下颠倒。

★**步骤 2：**让孩子将这些字母重新排列，拼出他们的名字。

★**步骤 3：**重复使用其他字母和需要拼出的名字。

让它变得更简单一点：确保所有字母都是正面朝上的，并且没有上下颠倒，只是没按顺序排列。

让它变得更难一点：在其中混入他们的名字中不涉及的字母。

额外训练到的部位 / 能力：触觉。

迷路的蜘蛛

1   2   3

★**游戏说明：**这个游戏很适合在户外开展。如果雨天你被困在室内，你也可以借助纸和记号笔来做这个游戏。

★**材料：**粉笔，马克笔，纸。

★**所需空间：**大。

★**时间：**10 ~ 15 分钟。

★**准备工作：**在车道的一边画几只蜘蛛，在另一边画几张蜘蛛网。然后为每只蜘蛛画出通向蜘蛛网的弯弯绕绕的路径。雨天版本：在纸上用记号笔画出蜘蛛、蜘蛛网和路径。

★**步骤 1：**向孩子解释蜘蛛找不到回蜘蛛网的路了。

★**步骤 2：**让孩子选择一只蜘蛛，并引导这只蜘蛛爬到蜘蛛网里。让他们用粉笔（或马克笔）沿着你创建的路径从蜘蛛到蜘蛛网连一条线。

★**步骤 3：**重复上述操作，让所有的蜘蛛回到网里。

让它变得更简单一点：把通向蜘蛛网的路径画成直线。

让它变得更难一点：把路径画得复杂一些。比如，也许最上面的蜘蛛会绕到最下面的蜘蛛网里，而不是最上面的蜘蛛就一定对应最上面的那张蜘蛛网，以此类推。

额外训练到的部位 / 能力：精细运动技能。

建筑工人与建筑师

★游戏说明： 这是我成为职业治疗师的第一年所设计的游戏，从那时起我就开始和孩子们一起玩这个游戏了。

★材料： 建筑玩具或积木。

★所需空间： 中等。

★时间： 20～30分钟。

★准备工作： 用建筑玩具或其他积木玩具搭建出一个结构。

★步骤1： 告诉孩子，他们是建筑师，需要按照你建好的结构重建一个。并且，他们需要向建筑工人（比如父母或其他孩子）解释自己是如何建造这个建筑的。重要规则：建筑工人必须遵循建筑师的所有指示，在建筑工人搭建的过程中，建筑师不能触摸建筑材料。

★步骤2： 让孩子作为建筑师开始指挥搭建工作。例如，"把红色的积木放在蓝色的上面，然后把黄色的放在红色的旁边。"

★步骤3： 继续搭建，直到属于你们的建筑完工。

★步骤4： 交换角色，这样每个人都有机会成为建筑工人和建筑师。

让它变得更简单一点： 搭建一个简单的塔，这样就更容易给出简单的指示。例如，"把蓝色的积木叠在粉色的上面"。

让它变得更难一点： 搭建一个复杂的结构。

婴儿可参与活动： 向宝宝展示如何堆叠积木或把它们放在桶里。

额外训练到的部位／能力： 实践能力。

· · · · · · · · · 推塔游戏 · · · · · · · · ·

1   2   3

★**游戏说明：** 这个游戏很适合在野餐间隙，或者其他你需要和孩子一起
休息一下的场合来玩。这个游戏其实很有难度，但乐趣正是隐藏在挑战
中的。

★**材料：** 6～8个任意大小的塑料杯。

★**所需空间：** 小。

★**时间：** 10～15分钟。

★**准备工作：** 无须提前准备。

★**步骤1：** 用这些塑料杯子搭建一座小塔。如果想要发挥创意，还可以搭建一座金字塔，把杯子摞在一起，设计一个用杯子搭成的房子。

★**步骤 2：**让孩子用 1 分钟的时间看看你搭建了什么，并记住你是如何操作的。

★**步骤 3：**推倒这座塔，让他们重建。

让它变得更简单一点：只用 3 ～ 4 个杯子，搭建一座塔。

让它变得更难一点：增加时间限制，他们能在 30 秒内重建吗？

婴儿可参与活动：把积木之类的东西摞起来，并让宝宝模仿。

额外训练到的部位 / 能力：本体觉。

摇晃，找寻

★**游戏说明：**这个游戏让我想起了小时候在海滩上寻找贝壳的时光。现在，我们开始在室内搜寻贝壳。

★**材料：**透明的垃圾桶，常见的家庭小物品（如铅笔、马克笔、回形针、发带、乐高积木或动物玩具），沙子（或大米）。

★**所需空间：**小。

★**时间：**10 ～ 15 分钟。

★**准备工作：**将沙子倒入垃圾桶并将小物品隐藏其中。沙子要足够多，这样才能覆盖住这些物品。

★ **步骤 1：** 把垃圾桶递给孩子。

★ **步骤 2：** 让孩子轻轻地来回晃动垃圾桶。

★ **步骤 3：** 当孩子摇晃时，藏在其中的物品会从沙子中显露出来，问问他们是否能说出所看到的东西。

★ **步骤 4：** 让孩子继续摇晃垃圾桶，直到说出里面所有物品的名字。

让它变得更简单一点： 选择大件的物品，这样更容易被发现。

让它变得更难一点： 增加时间限制，而且晃动不能停，也不能停下来去仔细查看。

额外训练到的部位 / 能力： 本体觉。

雪糕棍拼写

1　　　　　　　　2　　　　　　　　3

★ **游戏说明：** 每个孩子的学习方法都不同。对有些孩子来说，只是抄写，并不能让他们完全掌握英语单词。但如果能够自己动手，组建字母，拼写单词，将会受益更多。

★**材料：** 雪糕棍，胶水，纸，手指画颜料。

★**所需空间：** 小。

★**时间：** 20 ～ 25 分钟。

★**准备工作：** 把所有东西放在桌子上。在纸上写下英文单词或画出某个形状。线条要足够宽大，这样就可以指引孩子放入雪糕棍。

★**步骤 1：** 告诉孩子在纸上写有英文单词的位置上涂胶水："用胶水把字母或形状描出来！"我建议让他们用手直接蘸胶水。

★**步骤 2：** 让孩子把雪糕棍粘在组成字母的线上。

★**步骤 3：** 让孩子用手蘸颜料，给雪糕棍上色。

让它变得更简单一点： 提前帮孩子粘好雪糕棍，然后让他们用手在雪糕棍上涂颜料，在这个过程中他们就可以学习字母与单词。

让它变得更难一点： 不提前帮孩子在纸上写好单词或画好形状，让他们从一开始就独自完成。

额外训练到的部位 / 能力： 触觉，精细运动技能。

追踪数字 8

1　　　　　　　　2　　　　　　　　3

★ **游戏说明：** 训练室喜欢以各种方式使用数字 8。写无限符号对孩子们来说可能会有点儿棘手，所以与其让孩子必须写出 " ∞ "，不如让他们尽情发挥创造力。

★ **材料：** 如果在室外就准备粉笔和颜料，如果在室内就准备无毒的水性颜料，每种颜色对应一个盘子，纸，玩具车。

★ **所需空间：** 中等。

★ **时间：** 10 ～ 15 分钟。

★ **准备工作：** 画一个双线的倒置的数字 8（见上面插图）。把颜料倒在盘子里，每种颜色用一个盘子。

★ **步骤 1：** 让孩子把玩具小汽车放在颜料盘里来回推动，直到车轮被颜料完全覆盖。

★ **步骤 2：** 让孩子把小汽车在数字 8 或无穷符号上来回推动，直到数字 8 被完全涂上颜料。

★ **步骤 3：** 重复使用更多的颜色。

让它变得更简单一点：在数字 8 上画几个箭头，这样孩子在控制玩具小汽车时可以跟随箭头的指引。

让它变得更难一点：让孩子自己画出最初的数字 8。

婴儿可参与活动：画一条笔直的路线，让宝宝用蘸了颜料的小汽车在这条路线上开车。

额外训练到的部位 / 能力：触觉。

● ● ● ● ● ● ● ● 怪物找不同 ● ● ● ● ● ● ● ●

1 2 3

★ **游戏说明：**在机场，在坐车时，在餐厅，在任何等待的时刻，在任何孩子可能会感到无聊的地方，都可以启动这个小游戏。你所需要的只是纸和笔，你们可以重复玩很多次，只要你想打发时间。

★ **材料：**笔或马克笔，纸。

★ **所需空间：**小。

★ **时间：**20 ～ 25 分钟。

★**准备工作：**画两个相同的怪物头，包括头发、鼻子、嘴、脸颊和雀斑等细节。然后画第三个怪物头，看起来和前两个几乎一样，但有 1～3 处不同。

★**步骤 1：**给孩子纸和笔，让他们看看怪物。

★**步骤 2：**让他们找出所有的不同，并标记出来。

★**步骤 3：**重复上述过程，画更多的怪物。

让它变得更简单一点：让不同处更明显，比如卷发和直发，纽扣形状的鼻子和线条形状的鼻子，悲伤的嘴和微笑的嘴。

让它变得更难一点：让这些不同处更隐蔽些。试试 4 个雀斑与 5 个雀斑，椭圆眼睛和圆眼睛，等等。

额外训练到的部位／能力：精细运动技能。

其他视觉训练活动

下面提到的某些活动你可能之前就玩过，只是你不知道它们是开发视觉系统的活动。

| 庭院 / 户外游戏 | 桌上游戏和其他类别游戏 |

庭院 / 户外游戏

▶ 用粉笔画画。

▶ 用绳子把球挂在树上击打。

▶ 跳房子游戏。

▶ 我是间谍游戏。

▶ 升起一个非氦气的气球。

桌上游戏和其他类别游戏

▶ 找不同益智桌游。

▶ 猜人名游戏。

▶ 积木。

▶ 七巧板。

▶ 美国 Thinkfun Rush Hour（塞车时刻）玩具。

▶ 四子棋游戏。

▶ 拼图。

▶ 涂色书。

▶ 手工艺玩具。

PLAY TO
PROGRESS

第 6 章

味觉

唤醒味觉系统，孩子不挑食

　　我在成长过程中一直面临一个很大的挑战——尝试新食物。在很长的一段时间里，可以说是从我刚成年开始，我的食谱就是黄油面和奶酪通心粉。直到我在职业治疗学校完成了大约一半学业的时候，我才真正意识到味觉有多么重要，是时候让自己盘子里的餐食多样化了！我开始强迫自己尝试各种新的食物，哪怕一次只吃一口。现在，我可以很自豪地告诉大家，我已经成为一个不折不扣的美食家啦。

　　当你想到自己的童年、所接触的文化、享受的假期和日常计划时，食物通常都扮演着一个非常重要的角色。吃饭能增进人与人之间的感情，能让我们想起家人，给我们提供安慰以及和大家相聚在一起的理由。味觉在日常生活中是多么重要，已经不用我多说了。可以毫不夸张地说，味觉创造了人类社区与对话，它已成为很多人穿越不同城市，去世界各地旅行的理由。对孩子来说，和他们最好的朋友在公园吃比萨或甜食，在朋友家吃饭，享受与家人在外共进晚餐的时光，与同学分享彼此的零食，是促进味觉发育的好机会。

我们对食物和口味的鉴赏能力实际上来自嗅觉和味觉的共同作用。还有一点很关键，那就是味道与口味是两个不同的概念。为了避免引起歧义，我们将直接讨论食物，但请记住，口味是受味道、质地、温度和气味共同影响的，我们将在本章和嗅觉章节中深入讨论这些细微的差别。

我们办公室接到的很多电话都是来自忧心忡忡的父母，他们因为孩子挑食而不知所措。比如孩子喜欢吃清淡的食物，孩子吃饭时盘子里的不同食物要互相分开，孩子拒绝吃任何带有胡椒的东西，这些现象都是很常见的。但我们要讨论的挑食是超出上述现象的问题，比如孩子只吃鸡块这一种食物，而排斥其他所有的食物。由于在食物选择上的局限性，他们无法在朋友家里或学校等自己家里以外的其他地方吃东西。作为一个直到成年才体会到食物多样性的乐趣的人，我真的非常热衷于帮助孩子们丰富他们能够接受的食物清单，并期待见到成效。是的，有些孩子很乐意吃寿司和辣咖喱，尤其是在能够提供各种美食的家庭中长大的孩子。但许多人，尤其是那些习惯了相对平淡的标准美国饮食的人，很有可能坚持只吃火鸡三明治、意大利面、米饭和鸡肉。总的来说，孩子可以像我们一样有自己的偏好，但当他们吃或不吃的东西已经妨碍了他们与家人或朋友正常吃饭时，或许就是做出一些改变的时机了。

这些年来，许多孩子报名我们的训练课程来解决他们的挑食问题。提起这件事情，我总是会想到一个叫罗科的小男孩。罗科参加了我们的夏令营，在小朋友们吃零食的时间段，他希望他的盘子里装上和他的朋友一样的食物，但他从不吃一口。罗科的极度敏感已经不仅仅是味觉问题了，还涉及了嗅觉和触觉，这是感觉系统共同作用影响食物偏好的一个典型例子。罗科能品尝出妈妈自制的番茄酱和商店里买的有什么不同，除了他妈妈做的食物，他无法接受其他的任何食物。此外，罗科只愿意吃特定品牌的鸡块、玉米片、奶酪和花生酱。因为他只吃特定品牌的东西，这些问题带来的困扰在参加生日聚会时更加凸显，无论是他自己的生日聚会还是参加其他孩子的生日聚会都是如此。毕竟，一方面他不好意思自己带食物，另一方面他也拒绝吃朋友家里的食物。对罗科来说，他的唯一选择就是缩短玩耍时间，避免吃饭，并确保朋友的父母知道他的喜好，不会试图给罗科零食吃。在训练课程上，我们慢慢地扩大了他的饮食范围，他开始在喜欢的食物基础上，尝试一些相近的东西。虽然 6 岁的罗科还不是一个在吃上爱冒险的孩子，但现在他已经可以吃像意大利面这样不在家准备的食物了，最近甚至开始接受吃比萨了，这是在生日聚会和朋友玩耍时，能让大家感到舒适的重要一步。

关于味觉的许多知识，比如它是如何形成的，都很有趣。从子宫里开始，怀孕的准妈妈吃到的食物的口味会通过羊水传给胎儿，所以胎儿就会接触到这些味道。一旦孩子出生，如果他们是母乳喂养的，母乳中的口味也同样会被孩子共享，帮助他们养成对特定食物的偏好。这就是为什么母亲在怀孕期间和哺乳期间要保持均衡的饮食。母乳本身就是甜的，所以婴儿都会偏爱甜食，因此孩子会被没那么有营养的食物所吸引，但如果母亲从怀孕开始就接触健康的食物，那么孩子也可以维持一个相对均衡的饮食，大大降低其日后患有肥胖症、糖尿病和其他问题的风险。这也是为什么当婴儿开始吃固体食物时，家长要尽可能多地给他们提供不同种类的食物，这样他们就更有可能在将来坚持健康的饮食。孩子可能会拒绝尝试不熟悉的食物，但这只是因为他们的味蕾正在发育，并不一定就意味着他们挑食。不要放弃，孩子可能需要很多次才能持续地吃、接受和喜欢上新的食物。接下来，我们还将从味觉系统的角度来讨论味道，但请记住，口感尤其是气味与孩子的食物偏好的形成密切相关。

孩子们会喜欢吃什么是基于他们早期接触的这些食物，你可以看到文化以及家庭的饮食习惯对于孩子成年后的影响。我的个人经历就是证明这一点的很好的例子。我妈妈非常挑剔，从不吃糊状或软的食物，包括土豆泥、沙拉酱或任何其他含有酱料的食物。她喜欢吃清淡的食物，但也爱吃甜食。我爸爸则是"无肉不欢"，他无法想象一顿饭如果没有一大块肉该怎么吃。因此，我们家吃的是典型的美国饮食，也被称为标准美国饮食，这种饮食实际上是相当不健康的。如果你看到我父母的日常晚餐——大份的肉、土豆、面包和甜点，那你一定会认为他们不关心自己的健康。但其实他们一直都在坚持锻炼身体，我妈妈开了一家健身公司，我爸爸是一名狂热的运动爱好者。所以，一方面，我是在喜欢运动的环境中长大的，另一方面，在饮食上除了意大利面和烤土豆，我很少吃味道强烈的食物，也很少吃质地柔软的食物。我读研后才开始尝试吃沙拉。直到我研究了感觉系统后，才真正开始了解自己的食物偏好，也意识到可以通过训练进行改变。话虽如此，当我度过艰难的一天时，没有什么比一碗芝士通心粉更能安慰我了，尽管现在我吃素。

味觉系统是如何工作的

我们的舌头有能力识别 4 种基本味道：甜、酸、苦、咸。味道从食物传递到味蕾，味蕾对味道非常敏感，然后从味蕾传递到大脑，并在大脑里结合其他感觉信息形成信号，包括我们将在下一章讨论的会对食物偏好产生重大影响的气味（见图 6-1）。通过我的个人经验以及跟罗科这样的孩子一起工作的经验，我确认，通过持续接触新的食物，扩大孩子喜爱的食物范围是可能的。

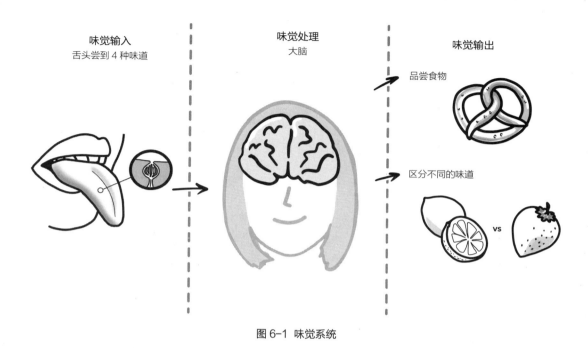

味觉输入
舌头尝到 4 种味道

味觉处理
大脑

味觉输出

品尝食物

区分不同的味道

vs

图 6-1 味觉系统

**感统训练
工具箱**

引入新食物

挑食是家长们普遍关心的问题，以下是一些丰富孩子食谱的
方法。

● 提供食物时，不要指望孩子一定会吃。

在孩子对一种食物表现出兴趣之前，可能需要家长做很多努力
去介绍这种食物。强迫他们很可能会适得其反。

● 允许孩子淘气，让他们在吃东西之前玩一玩。

比如让孩子用西蓝花做画笔，用芹菜建房子，做蔬菜颜料，
等等。

● 减轻压力。

不要为了让孩子吃某种食物，就用他们喜欢的甜点或其他喜欢的活动来贿赂他们。尽最大可能减轻他们的压力，减少他们对吃某种食物的担忧，让他们知道，只要他们愿意尝试就可以，如果他们尝试了还是觉得无法接受，是可以吐出来的。

● 在要求孩子尝试之前，家长自己先吃，树立榜样。

你可以谈论这种食物有多么的美味。把它和孩子喜欢的其他食物做比较："哇，这个胡萝卜和奶酪通心粉的颜色一样，而且它像小饼干一样脆。"

● 吃家里做的食物。

没有什么技术含量、家里做的晚餐很适合展示新食物。

● 富有创意。

改变吃饭的环境，比如在后院野餐或者在客厅里铺一条野餐毯，这样会让吃饭更有趣，也会提高孩子去尝试新食物的意愿。

因为孩子对口味的偏好形成很早，甚至在他们出生前就开始了，所以我一直建议父母要注意配方奶中糖分的添加情况。在孩子出生后的最初几个月里，他们将会受到所接触的环境的影响。通过母乳喂养，孩子能够体会到母亲吃过的口味。无论你是母乳喂养还是配方奶喂养，都最好不要让孩子接触过量的糖。此外，所有人都有一种提防苦味食物的本能，这可能是因为大多数有毒食物也是苦的，这是人类进化至今所形成的一种能够进行自我保护的遗传特性。然而，大多数蔬菜都含有一点点的苦味，所以克服这种自然倾向

也是有益的。孩子一开始不喜欢的食物，之后可能会变成他们的最爱。我强烈建议，孩子们应该尽早并且经常吃蔬菜，这样他们才能学会接受和喜欢蔬菜，并为日后的健康饮食打下基础。

孩子需要能够区分和适应不同的味道，这意味着不对某种食物感到恶心，也不去寻求特别的刺激，比如特别辣的味道。再强调一遍，挑食是由气味、味道、温度和质地等很多因素共同决定的，而不是孤立的味觉作用。

味觉的关键作用

味觉分辨： 区分不同味道的能力。如果孩子想要享受他们的食物，他们就需要能够分辨食物是甜、酸、苦还是咸，这就是味觉分辨能力发挥作用的地方。另外，本章的训练活动将鼓励孩子去享受食物，稍微打破一下既有的规则，避免孩子挑食。

味觉调节： 一种对味道做出正确反应的能力。记住，对食物做出适当的反应需要人体的嗅觉和味觉共同发挥作用。这方面存在缺陷的孩子可能更渴望强烈的口味，不喜欢清淡的食物。或者他们也可能是避免强烈的口味，拒绝某种食物，这些都在某种程度上干扰了他们的日常生活。

味觉训练活动

味道盲测

★**游戏说明：** 探索这 4 种味道——甜、酸、咸、苦，同时可以借此机会向孩子介绍一些他们平时不吃的味道。在整个游戏过程中，保持轻松是关键。

★材料：酸、甜、咸、苦的食物各一种（我通常喜欢用柠檬片、方糖、盐、不加糖的可可粒），纸杯蛋糕托，眼罩。

★所需空间：小。

★时间：5～10分钟。

★准备工作：将每种食物都放一点在蛋糕托里，每个蛋糕托放一种食物。

★步骤1：让孩子品尝4种味道。你可以说："我们有4种不同的味道。它们像柠檬一样酸，像生菜一样苦，像糖果一样甜，像椒盐卷饼一样咸。"当你解释的时候，你也可以说出食物的名字，并指出它们所在的蛋糕托。

★步骤2：给孩子戴上眼罩。

★步骤3：舀一勺食物给他们，让他们品尝。

★步骤4：品尝后，取下眼罩。

★步骤5：让他们猜猜自己吃了什么食物，是这4种味道中的哪一种，指出这些食物所对应的蛋糕托。

让它变得更简单一点：不让孩子戴眼罩。

让它变得更难一点：游戏过程中一直蒙住孩子的眼睛，让他们在不知道面前食物的情况下猜测。

婴儿可参与活动： 把这 4 种不同味道的食物分别都取一点，放在宝宝的舌头上让他品尝，看看他对不同味道的反应。

额外训练到的部位 / 能力： 本体觉。

颜色的盛宴

1　　　　　　　2　　　　　　　3

★**游戏说明：** 让孩子尝试新食物可能是一个挑战。尝试新口味的一个好方法是鼓励他们玩食物。记住，永远不要强迫孩子做任何事情。告诉他们你很喜欢品尝这些不同口味的食物，如果他们愿意，他们可以模仿你。

★**材料：** 各种彩色的食物（浆果、调味品和肉桂之类的香料，都是不错的选择），小碗，水，勺子（用于搅拌"颜料"），干净卫生的画笔（结束后孩子很可能还要吃这种食物，所以我建议用一个新的），纸或纸盘。

★**所需空间：** 小。

★**时间：** 15 ～ 20 分钟。

★**准备工作：** 每个碗里都放少量的食物。

★**步骤 1：** 把浆果或香料碾碎，加一点儿水，搅拌后作为颜料。它的黏稠度不会像油漆那样理想，但没关系。你也可以根据自己的喜好把"蔬菜颜料"放在搅拌机里，让它的质地更丝滑。

★**步骤 2：** 给孩子画笔，让他们开始画画。

★**步骤 3：** 让孩子一边画画一边玩，并品尝一些"颜料"。如果是在盘子上画画，可以让孩子把它舔掉。你也可以鼓励孩子直接用手画画。

让它变得更简单一点： 家长为孩子做好颜料后，再让孩子画画。

让它变得更难一点： 不用画笔，让孩子直接用手画画。

额外训练到的部位 / 能力： 精细运动技能，触觉。

巧克力挑战

★**游戏说明：** 当我喜欢烹饪并改成吃素后，我发现了一个有趣的现象：纯天然的可可是相当苦的。在这个游戏中，孩子们将探索可可粉的制作方法。这也是教他们放糖及放其他调味料的一个很好的方式。

★**材料：** 半杯无糖巧克力，半杯龙舌兰糖浆或枫糖浆，半汤匙的盐，碗，微波炉，用于品尝的勺子。

★**所需空间：** 小。

★**时间：** 15 ～ 20 分钟。

★**准备工作：** 将无糖巧克力放入微波炉碗中。在桌子上放一小碗龙舌兰糖浆或枫糖浆，放一小碗盐。记住，这个活动不是让你做甜点，所以不需要苛求完美。这个活动的目的是给孩子一个探索味蕾的机会。

★**步骤 1：** 和孩子一起品尝无糖巧克力，并谈论它的苦味。这不像孩子以前吃过的美味巧克力，向他们解释那种熟悉的巧克力味道中添加了糖。

★**步骤 2：** 将无糖巧克力与龙舌兰糖浆或枫糖浆混合后放入微波炉中融化，每隔 15 ～ 20 秒搅拌一次，直到巧克力融化成丝滑状态。冷却后，品尝巧克力，并谈论如何通过加入糖使其变甜。

★**步骤 3：** 把盐放入刚融化的无糖巧克力中。如果巧克力已经变硬了，那就再用微波炉将其融化，然后加入盐搅拌混合，并讨论盐是如何改变巧克力的味道的。

让它变得更简单一点： 预先做好这 3 种版本的巧克力（无糖的、加糖的和加盐的），让孩子品尝不同的味道。

让它变得更难一点： 提前做好巧克力，让他们猜每一种都加了什么。

额外训练到的部位 / 能力： 嗅觉。

品尝自制奶昔

★游戏说明： 孩子们很喜欢参与准备食物的过程。制作奶昔是能够让他们参与整个制作过程的不错选择，这个方法简单而且能够做出富有营养的食物。

★材料： 1 杯半水果（我建议让孩子来挑选水果的品种，为了增加奶昔的甜味，我一般会放一根香蕉，如果你用的是冷冻香蕉，后续就不要加冰了），1 杯牛奶或坚果牛奶（根据后续混合后需要的量可酌情增减），半杯冰，搅拌机，饮水杯，1 杯孩子选择的蔬菜（可选，我一般使用菠菜）。

★所需空间： 小。

★时间： 10 ～ 15 分钟。

★准备工作： 将所有材料放在一个儿童餐桌或者其他孩子可以够到的地方。

★步骤 1： 告诉孩子他们可以自己制作奶昔。

★步骤 2： 让孩子选择水果以及各种材料的配比，在这个过程中让你保持沉默不发表评论可能会很难，但还是尽量让他们自己选择要把什么放进搅拌机，即使你觉得那看起来并不好喝。

★步骤 3： 加入牛奶和冰，让孩子按下按钮开始搅拌。

★步骤 4： 将搅拌好的奶昔倒入杯子，并享用。

让它变得更简单一点： 预先准备好所有的材料及配比。

让它变得更难一点： 要求孩子在奶昔里至少加入一种蔬菜，我建议是菠菜，因为它不会增加特别强烈的味道。

额外训练到的部位 / 能力： 听觉。

<h2 style="text-align:center">吃柠檬大挑战</h2>

★ **游戏说明：** 你还记得小时候参加过的"弹头挑战"吗？你不得不一边吃着酸糖，一边板着脸。这个游戏就是用柠檬代替糖果来玩，准备好捧腹大笑吧!

★ **材料：** 柠檬，碗或盘子，糖。

★ **所需空间：** 小。

★ **时间：** 5 分钟。

★ **准备工作：** 柠檬削皮，去籽，切成小块，放在碗或盘子里。

★ **步骤 1：** 向孩子发起挑战——吃一片柠檬，但脸上不能有任何表情。

★ **步骤 2：** 让孩子拿一块柠檬尝一尝。

★ **步骤 3：** 自己试一试。

★ **步骤 4：** 谁能做到面不改色？

让它变得更简单一点： 在柠檬里加些甜的东西，比如在上面放些糖。

让它变得更难一点： 让孩子吃一块更大的柠檬。

婴儿可参与活动： 让宝宝舔一舔柠檬。一定要记录下他的反应！

额外训练到的部位 / 能力： 嗅觉。

其他味觉训练活动

食物应该是让人感到有趣的，而不是让人觉得有压力的。每一次用餐都是让孩子了解新口味和新食物的好机会。

▶ 接触，接触，再接触。重要的事情说三遍！记住，要让孩子接受一种新的食物需要很多的接触。从小开始，让他们尝试大量不熟悉的食物。

▶ 让孩子和你一起在厨房做饭。让他们尝一尝配料，尝一尝食物做好前后的不同味道，比如尝一尝烹饪前和烹饪后的胡萝卜或西蓝花。

▶ 品尝具有其他国家或文化特色的食物。

PLAY TO
PROGRESS

第 7 章

嗅觉

连接记忆与情感，内心更丰富

嗅觉，也就是我们所说的"闻味道"，可以带我们回到过去，可以让我们的胃"咕咕"直叫，可以安慰我们，也可以让我们感到不愉快。它可以提醒我们注意紧急情况，比如当蜡烛倾斜引起火灾时。它还可以提醒我们不吃闻起来不对劲儿的东西，比如变质的牛奶。我们常常忽视从嗅觉中获得的洞察力。很多人都没有意识到嗅觉是如何唤起人类的记忆，强化对所吃东西味道的感知，以及在我们陷入困境时抚慰我们的。当一个孩子正在练习和大人分床睡时，如果他在没有父母的情况下难以入睡，我建议给他在床上放一个父母的枕头或父母的旧 T 恤，让他依偎着入睡。当孩子学习自己睡觉时，枕头或衣服上残留的气味可以让他们感到舒适。我还建议，当你第一次把孩子送到幼儿园或他们第一次在外面过夜时，给他们一些带有父母气味、让他们感到舒适的东西。午睡时间可以给孩子带一件衬衫或一个枕头，甚至让他们把你的发圈戴在手腕上都可以达到很好的效果。

我们第一次闻到的气味是妈妈的气味。婴儿可以识别出自己妈妈的乳汁的味道，母乳可以缓解婴儿的情绪与疼痛感，比如在婴儿第一次去看医生采足跟血后，母乳可以缓解他们脚后跟的刺痛感。只有母乳才有这种效果。

孩子从出生起就暴露在各种气味环境中，这有利于扩大他们的饮食范围，使他们熟悉更广泛的气味，这样他们在教室或朋友的家里也不会对某种气味产生负面反应。每个新环境都会有不熟悉的气味，有些是令人愉快的，有些则不是。喜欢一种气味而不喜欢另一种，往往是个人喜好问题。但对于孩子来说，如果是以前没有接触过的某种气味，他们遇到后可能会反感或不知所措。只要融入环境中，大多数孩子都能接触到各种各样的气味。从孩子小时候开始，你就可以把煮熟的蔬菜放进一个安全的网袋里，让他们去探索，并闻一闻。

人类的嗅觉是与记忆最密切相关的，因为嗅觉系统有一条直达大脑处理情绪区域的通道（见图 7-1）。气味会让不同的人产生不同的情绪。我相信你知道，童年的味道会很快勾起你的许多回忆，包括好的和坏的。五六年前，我逛一家商店时想买一款新的沐浴露，我试着闻每种沐浴露的味道，来决定买哪一种。我拿起其中一个，打开后放到我的鼻子前。突然，我感到自己内心的大门像是被用力敲破了一样，所有过往的记忆都涌了进来。我闻到了爸爸的味道，这么多年来，这是我第一次在沐浴露的气味中闻到了爸爸的味道。那意想不到的气味迫使我重新面对他去世后的这几年我埋藏的悲伤，涌入的记忆既让人难以抗拒，又让人感到安慰。

就像味道一样，每一种文化、每一个家庭都有属于自己的独特气味，它们成为我们身份的一部分，在我们最脆弱的时候为我们提供安慰。当我还是个孩子的时候，我妈妈很喜欢空气清新剂，特别是苹果肉桂味的。最近我发现自己在购物车里也放了一个，尽管我非常讨厌那些有毒的东西。我在生活中感到紧张时，闻到这个味道，就会让我想起在美国中西部度过的童年时光，那时的生活节奏比较慢，这个苹果肉桂的气味给了我所需要的安慰。在训练课程中，我们为孩子们制作了精油喷雾剂，并将它们与舒缓的记忆相结合，帮助他们度过困难时期。我们还为那些唤醒水平低的孩子制作了怪物驱虫剂、镇静喷雾剂和警报喷雾剂。

在社交网站上，你看不到关于嗅觉和感觉游戏的很多帖子。幸运的是，我们有一些训练活动，有些还会涉及双重感觉的刺激。

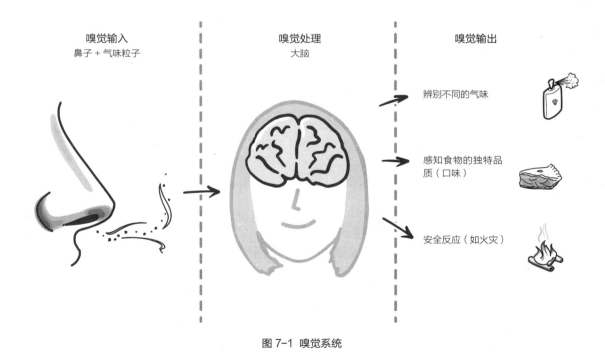

图 7-1 嗅觉系统

嗅觉系统是如何工作的

当你在清爽的春天，把鼻子凑到一朵刚刚盛开的花上时，携带这种花香气味的微小粒子会通过你的鼻子，进入嗅觉系统。在那里，信号被传递到大脑的不同区域，包括边缘系统，即情绪控制中心。这就是为什么当你闻到热巧克力的气味时，会想起在奶奶家度假的时光，记忆和情绪就会浮现。这也是为什么孩子一闻到最爱的饼干就会很兴奋。

孩子从刚出生时就已经能辨别气味了。在哺乳期，妈妈的乳房对婴儿来说有一种亲和力，婴儿能够区分妈妈和其他女性的气味。同样，孩子的气味也会诱发妈妈分泌激素，尤其是催产素。

人类能够辨别的气味种类比我上一章提到的酸、甜、苦、咸 4 种味道要多。事实上，食物之所以有味道，就是因为我们有嗅觉。想想你上次患重感冒的时候，是不是觉得食物的味道不像往常那么好了。这就是嗅觉对味觉的影响。当孩子有自己的偏好时，在吃东西之前给他们时间闻一闻食物，可以起到鼓励他们去探索的作用。

我们目前有一个叫埃玛的客户，她很喜欢社交，也是一个很值得交的朋友。但是埃玛的嗅觉太敏感了，这妨碍了她和家人的相处，也影响了她和朋友们的相处。当埃玛在厨房或坐在餐桌旁时，她的爸爸就不能煮蔬菜，而且已经煮好的蔬菜她也不能吃。在学校，埃玛不能在餐厅里吃饭，因为其他孩子的午餐所散发的味道对她来说很难闻，她只能在野餐桌上或其他房间里吃。因为她无法忍受餐厅里的气味，所以错过了那里的社交活动。我们通过运用各种各样的气味训练，慢慢地帮助埃玛去适应。现在埃玛可以和别人在同一个房间吃饭了，我们接下来的目标是，努力让她能够跟大家一起坐到餐桌上吃饭。

嗅觉的关键作用

嗅觉分辨：即我们在每天遇到的气味中区分喜欢和不喜欢的气味的能力。更重要的是，这种嗅觉分辨能力在婴儿时期就已显现，一个母乳喂养的婴儿能够区分他妈妈和其他女性。这是因为他们的鼻子知道！

嗅觉调节：就像我们的其他感觉一样，嗅觉调节是一种对嗅觉做出正确反应的能力。有些孩子，比如埃玛，很难忍受某些气味，这可能会对他们的社交生活产生负面影响，因为餐厅和教室都充满了大量气味。对某种气味反应过度的孩子可能会呕吐，或者当他们被某种气味击中时，他们的眼睛可能会流泪。另外，反应迟钝的孩子可能闻不到细微的气味，但会被强烈的气味所吸引，包括他们的同龄人往往不喜欢的气味，比如汽油或记号笔散发出的气味，他们可能会不断地去闻一些奇怪的气味。

嗅觉训练活动

寻找肉桂

★**游戏说明：**孩子们在厨房里总是觉得很有趣。接触烹饪能够培养孩子辨别不同气味的能力，而且能让他们接触各种各样的气味，变得更有冒险精神。

★**材料：**有强烈气味的香料（如罗勒、牛至、红辣椒），肉桂，苹果酱（或任何其他适合搭配肉桂的食物），碗，勺子，眼罩。

★**所需空间：**小。

★**时间：** 5 分钟。

★**准备工作：** 将苹果酱倒入碗中。拿出各种香料，新鲜的香料是最好的。如果它们是在罐子或瓶子里，那就打开盖子，这样孩子更容易闻到气味。

★**步骤 1：** 让孩子闻一闻肉桂的气味。

★**步骤 2：** 蒙住孩子的眼睛。

★**步骤 3：** 把香料一个一个地递给孩子，这样他们就可以把香料拿到鼻子边闻。让他们闻到肉桂味时告诉你。你可以把肉桂最后递给他们。

★**步骤 4：** 当孩子鉴别出肉桂后，取下眼罩。

★**步骤 5：** 孩子可以在苹果酱中加入少许肉桂，搅拌后享用。

让它变得更简单一点： 不使用香料，用花香蜡烛或精油（当然，这就不能加到苹果酱里吃了）。

让它变得更难一点： 选择类似于肉桂气味的香料，比如肉豆蔻。

额外训练到的部位 / 能力： 本体觉，味觉。

怪味精油

★**游戏说明：** 我非常喜欢使用精油。去年夏天在我们的训练课程里，我们制作了神奇的"臭药水"，它比我想象的更受欢迎。孩子们喜欢闻各种气味的精油，然后决定把哪种精油加到喷雾瓶里。精油也可制作"怪物驱散剂"。告诉孩子，你从奶奶那里得到了这个怪物驱散剂的配方，你知道它很有效，能够把坏人赶走！

★**材料：**精油（薰衣草味的精油通常是一个不错的选择，但孩子也可能喜欢其他的气味），玻璃喷雾瓶（我一般使用 118 毫升大小的喷雾瓶，但其实任何大小的都可以），蒸馏水或过滤水。

★**所需空间：**小。

★**时间：**10 ～ 15 分钟。

★**准备工作：**把所需的材料都放在桌子上。

★**步骤 1：**让孩子探索每种精油的气味，选择他们喜欢的一种，或者他们可以混合几种精油来使用。

★**步骤 2：**在喷雾瓶中滴入 5 ～ 10 滴精油。

★**步骤 3：**加入 118 毫升的蒸馏水。

★**步骤 4：**摇匀后喷洒。睡觉的时候孩子可以在床底下喷一些，把怪物赶走。如果没有可以驱赶的怪物，可以在孩子喜欢的地方喷洒，比如床、枕头或房间里。

让它变得更简单一点：如果孩子面对太多的选择时有"选择困难症"，那就简单一点，只准备两种精油供他们选择。

让它变得更难一点：给孩子戴上眼罩，孩子能猜到自己闻到的是什么气味吗？

额外训练到的部位 / 能力：精细运动技能。

散发香气的米桶

1 　2 　3 　4 　5

★游戏说明：这是一个在网上随处可见且备受欢迎的米桶游戏。这个训练活动为触觉游戏增加了另一种感觉体验，孩子们可以尝试去闻各种各样的气味。

★材料：能装下 4 ～ 6 杯大米的桶，大碗，精油或某些天然气味（如鲜榨柠檬汁）。

★所需空间：小。

★时间：10 ～ 15 分钟。

★准备工作：把所有准备好的材料放在桌子上，然后就可以开始了。

★**步骤 1：**将大米倒入大碗中。

★**步骤 2：**让孩子选择一种气味的精油。

★**步骤 3：**将精油滴入大米中。先加入 10 滴左右，然后慢慢增加到合适的量。20 ～ 25 滴精油的气味就已经很浓郁了，所以要慢慢地加。

★**步骤 4：**让孩子用勺子或直接用手把精油和大米充分混合。

★**步骤 5：**把混合好的精油米倒进桶里，让他们把手伸进去感受。

让它变得更简单一点：在孩子选择好使用哪种气味的精油后，你来进行精油与大米的搅拌，并将其倒入桶中，这样他们只需要把手伸进米桶里玩就可以了。

让它变得更难一点：如果你来选择精油并将其与大米混合，孩子能猜出是哪种气味的精油吗？

额外训练到的部位 / 能力：触觉。

猜猜这是谁的衬衫？

★**游戏说明：**这是一个洗衣日。看到孩子仅凭气味就能准确地分辨家庭成员，也很酷。

★**材料：**所有家庭成员已经穿过的但还未洗的衬衫，眼罩。

★**所需空间：**小。

★**时间：**5 分钟。

★**准备工作：**从每个家庭成员那里收集一件衬衫。

★**步骤 1：**给孩子戴上眼罩。

★**步骤 2：**递给孩子一件衬衫。

★**步骤 3：**让孩子闻一闻衬衫，猜一猜它是谁的。

★**步骤 4：**重复以上步骤，辨别剩下的衬衫。

让它变得更简单一点：不戴眼罩。

让它变得更难一点：挑几件同一个人的没有什么气味的衬衫。

额外训练到的部位 / 能力：本体觉。

薰衣草感统袋

★**游戏说明：**以前面提到的"散发香气的米桶"游戏为基础，制作一个
迷你加热垫，当孩子生病或劳累一天时，它能让孩子平静下来。

★**材料：**1 杯混合了薰衣草精油的香米（制作方法见"散发香气的米桶"
游戏），1 只干净的袜子，汤匙，漏斗（可选），微波炉。

★**所需空间：**小。

★**时间：** 10 分钟。

★**准备工作：** 提前准备好薰衣草精油味的香米。

★**步骤 1：** 让孩子把袜子口挽起来。

★**步骤 2：** 将准备好的香米装进袜子，大概到袜子的三分之二处。

★**步骤 3：** 把袜子系牢。

★**步骤 4：** 用微波炉加热袜子 30 ～ 60 秒，每 15 秒检查一下它的温度，并摇一摇，确保没有过热的地方。

★**步骤 5：** 当孩子需要安慰的时候，把这个薰衣草感统袋给他。

让它变得更简单一点： 让孩子用漏斗把米倒进袜子里，而不是用勺子去舀。

让它变得更难一点： 让孩子自己系牢袜子口。

额外训练到的部位 / 能力： 精细运动技能。

香味橡皮泥

★**游戏说明：** 如果你不喜欢在商店里买的橡皮泥的味道，那这就是一个制作纯天然橡皮泥的方法，能让孩子的手闻起来很香。

★**材料：**1 杯面粉，1/4 杯盐，1 汤匙塔塔粉，3 汤匙菜籽油，5 ～ 10
滴精油（让孩子自己来选择精油的气味），3/4 杯沸水，用于盛放这些
配料的小碗或杯子，搅拌碗。

★**所需空间：**小。

★**时间：**15 ～ 20 分钟。

★**准备工作：**提前准备并测量好所有的配料，然后把它们放在桌子上。

★**步骤 1：**帮孩子把面粉、盐和塔塔粉在碗里混合均匀。

★**步骤 2：**加入菜籽油并充分混合。

★**步骤 3：**加入沸水和精油，搅拌均匀，这一步是家长要做的。

★**步骤 4：**冷却后，用手揉面团，直到面团不再黏手。如有必要，可以
再加一些面粉，就像做面包一样。

★**步骤 5：**一旦橡皮泥准备好，孩子就可以开始创作了。

让它变得更简单一点：帮孩子揉面团，或者提前把橡皮泥做好。

让它变得更难一点：不用预先测算配料，让孩子完成所有的准备工作。

额外训练到的部位 / 能力：本体觉。

其他嗅觉训练活动

通过探索周围的环境，去餐馆和朋友家，孩子就可以接触到不同的气味。除此以外，下面还有一些我同样推荐的其他活动。

桌上游戏和其他类别游戏

▶ 使用带香味的水彩笔。

▶ 在厨房做饭。

▶ 闻一闻书籍和贴纸。

▶ 闻有香味的毛绒玩具。

▶ 闻精油的气味。

PLAY TO
PROGRESS

第 8 章

听觉

听得明白，上课不走神

有多少次，当你在操场上，或者在亲子课上，或者在孩子的生日聚会上，你听到从房间那头传来一声"妈妈"的呼喊声，立刻就知道那是你的孩子在叫你？正是因为你的听觉系统运行正常，所以你能够分辨出这是你的孩子求助的声音，而且你能够准确判断出去找孩子应该往哪个方向走。

和其他感觉系统一样，听觉系统是复杂的，并且对孩子保持整体调节能力和学习能力均有重要影响。运转良好的听觉系统在交流中也起着关键作用，它让孩子能够遵循老师给的指示，能够听到朋友在操场对面对他大喊。没有健全的听觉系统，孩子就很难玩"西蒙说"（Simon Says）游戏，也很难记住同学的名字，而且在同学们发出声音的情况下容易分心，很难顺利完成自己本来想要做的事情。

在参与我们训练课程的第一批客户里，有一个叫杰西的小男孩，他非常聪明，富有想象力，爱玩，爱社交，但在面对巨大的声音时遇到了困难。杰西是班上最受欢迎的孩子之一，当我和他一起工作时，他收到邀请和他的同学一起去迪士尼乐园参加生日派对，那意味着他将要面对烟花和喧闹的游行。一想到这个，杰西就惊慌失措。5岁的时候，他在美国独立日庆祝活动、一些现场表演以及突然爆炸的生日气球等活动中发现，意想不到的巨大声音会让自己很不舒服。杰西的家人在派对和大型表演上经常要保持警惕，因为如果有杰西无法接受的声音，他们就必须立刻离开，还要花半个小时才能帮助杰西平静下来。因为杰西在声音方面的敏感，他错过了很多活动，而且看起来，这次在迪士尼的生日派对他也要错过了。因此，我们制定了一些策略，让他能够忍受巨大的噪声，同时我们还在提高他的敏感度，比如当他知道会放烟花时，就戴上降噪耳塞或者尽可能远离烟花，这样他就能继续参加生日派对。

婴儿在子宫里就能听到妈妈的声音。在孕晚期时，婴儿也能听到其他声音，但他们总是更喜欢自己妈妈的声音，而且对妈妈的声音反应最强烈。我总是被这样的情景所感动：一个哭闹的婴儿在听到父母的声音后就会马上平静下来。当孩子进入童年时期，随着他们学习语言，区分不同的声音，他们的听觉系统进一步发展，但他们仍然能识别出父母和照顾者的声音并得到抚慰。

在治疗训练课程中，我经常求助于专门研究听觉系统的语言治疗师和听力专家。就像视觉系统不仅是关于视力的问题，听觉系统也不仅仅是关乎听力的问题。孩子需要能够处理他们听到的噪声，排除背景噪声，辨别不同的声音，并容忍一系列的声音与音量。我们的治疗训练课程还会观察孩子如何调节听觉输入，比如他们会在听到最轻微的声音时跳起来吗？他们总是要把音量调到最大吗？我们想知道一个孩子是对听觉输入反应不足还是过度，以及这对他的日常生活有何影响。比如杰西，他就是对听觉输入反应过度。

人们对声音的容忍度各不相同。我喜欢大声地放音乐，但我的朋友可能就喜欢让音乐声小一点。同样地，孩子被吸尘器的声音弄得心烦意乱或者听到打雷的声音会跳起来，但只要不影响他们的整体调节，这些就都是正常的。只有当声音对他们的学习或参与某些活动产生影响时，当他们不断寻找吵闹声的刺激时，或者他们无意中说话的声音太大时，我们就应该意识到，这可能是有问题了。

听觉系统是如何工作的

耳朵由外耳、中耳和内耳组成。外耳负责收集声音并将其发送给中耳，鼓膜能感受到这些声音所产生的振动，然后传到内耳，声音在内耳被转换成电信号，送到大脑进行处理（见图 8-1）。这就是听觉输出的过程，如回答一个问题或遵循某个指令。听觉处理允许孩子区分声音，例如"船"和"床"的不同发音；区分背景声音和他们需要真正关注的声音，这一点在课堂上很重要；记住他们听到的内容，比如同学的名字，并对他们听到的声音排序。

听觉系统的关键作用

听觉分辨： 一旦听觉输入到达大脑，大脑就会对其进行处理并做出反应，包括区分声音有多大（一些孩子不知道他们说话有多大声）；不同声音的区别，如"四"和"十"；区分背景声音；记住听到的内容和顺序。

听觉调节： 有时孩子会认为声音太大而感觉失调，或者他们可能听不到你的声音（除了选择性地忽略你，不去做家务之外）。也有的孩子可能会比其他孩子寻求更多的声音刺激。有些孩子可能会难以承受冲马桶的声音，他们甚至会哭出来，而有的孩子可能就喜欢响亮的鼓声，甚至会敲击桌子来重现鼓声。

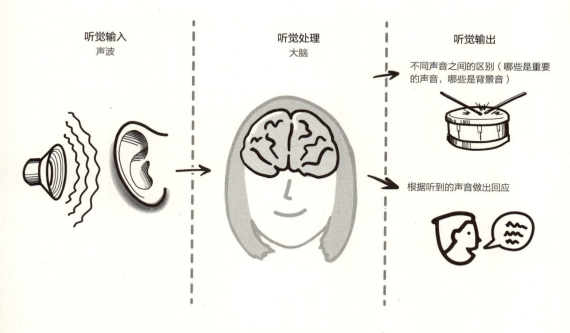

听觉输入
声波

听觉处理
大脑

听觉输出

不同声音之间的区别（哪些是重要
的声音，哪些是背景音）

根据听到的声音做出回应

图 8-1 听觉系统

听觉训练活动

跳舞和冻结

★ **游戏说明：** 这是一个全家人都可以参与的游戏。这个游戏能帮助孩子区分相似的声音，同时过滤掉无关的声音，这对孩子来说是个必要的技能，有助于他们在充满同学们聊天声的教室内集中注意力。

★ **材料：** 乐器（可以使用儿童乐器、锅或者盘子），音乐。

★ **所需空间：** 中等。

★ **时间：** 5～15 分钟。

★**准备工作：**将乐器藏在某个物体后面或下面，这样孩子就不知道你拿的是什么乐器。

★**步骤 1：**轻轻地播放孩子最喜欢的音乐作为背景声音。

★**步骤 2：**选择一个代表"冻结"指令的声音，比如弹尤克里里的和弦或打手鼓，在游戏开始之前让他们听一两次。不要让他们看到乐器。

★**步骤 3：**舞会开始！让孩子待在能听到乐器及音乐播放的地方。

★**步骤 4：**一个接一个演奏乐器，直到代表"冻结"指令的声音出现。确保孩子看不到乐器，并确保背景音乐继续播放。

★**步骤 5：**当孩子听到指令声音时，他们必须保持原地不动 10 秒钟。

★**步骤 6：**重复步骤 1 ～ 5，选择一个新的"冻结"指令的声音。

让它变得更简单一点：不要播放背景音乐，这样唯一的声音就来自乐器，让孩子在房间里四处走动，直到他们听到"冻结"指令的声音。

让它变得更难一点：调大背景音乐的声音，并举办一个真正的舞会。

婴儿可参与活动：让宝宝探索不同乐器的声音。

额外训练到的部位 / 能力：前庭觉，本体觉。

人行道作画

★**游戏说明：** 在按照顺序完成任务后，孩子可以在人行道上作画。

★**材料：** 挤压瓶或一个旧的洗发水瓶，玉米淀粉，水，5 滴食用色素（可选），漏斗（可选，对你完成这个游戏会有帮助）。

★**所需空间：** 中等。

★**时间：** 5～15 分钟。

★**准备工作：** 把所有材料放在桌子上。这个活动需要用等量的玉米淀粉和水，我建议把所需的每种原料测量好，然后放在不同的杯子里，这样孩子就可以轻松地把它们倒进挤压瓶里。

★**步骤 1：** 在孩子开始这个游戏之前，给他们讲解一下操作过程。告诉他们首先要把玉米淀粉倒进瓶子里，接着再倒水，再加入食用色素（如果使用的话），最后盖上盖子摇匀。

★**步骤 2：** 让孩子自己试着按照顺序完成上述任务。他们需要在没有你帮助的情况下，按照正确的顺序执行你提到的所有操作。

★**步骤 3：** 如果孩子需要线索提示，你就重复讲解整个操作过程。如果他们遇到的只是小问题，你可以简单地说些关键词："玉米淀粉，水，食用色素，盖子，摇匀。"

★**步骤 4：** 混合好之后，把它喷在人行道上，创作一幅画。

让它变得更简单一点： 让孩子一次完成 2 个步骤，而不是一次就完成 4 个步骤。

让它变得更难一点： 不给孩子重复讲解操作过程。

额外训练到的部位 / 能力： 精细运动技能。

模仿者游戏

★ **游戏说明：** 如果孩子正在努力使自己说话的声音大小保持在正常水平，那么这个经典的游戏非常合适他们，因为这个游戏可以帮助他们清楚地了解自己说话的声音有多大。在游戏过程中，可以鼓励他们降低声音来传递信息，这样就不会被模仿者听到。

★ **材料：** 不需要什么材料，但至少要 3 个人参与，成年人也可以。游戏需要一个领导者，一个或一群追随者，一个模仿者。

★ **所需空间：** 中等。

★ **时间：** 5 ～ 15 分钟。

★ **准备工作：** 让一个人充当模仿者，模仿者需要听领导者对追随者说了什么，但是领导者必须小声说，不让模仿者听清楚。大家站成一圈，模仿者站在圈的中间。

★ **步骤 1：** 领导者想出一个动作来告诉追随者，比如做 3 个开合跳或找到红色的东西。

★**步骤2：** 领导者向追随者小声下达指令。

★**步骤3：** 模仿者去听领导者在说什么。

★**步骤4：** 在领导者传递完指令后，数到3，然后每个追随者都去完成领导者传递的任务指令。模仿者听到了吗，能够一起执行这个指令吗？如果模仿者听到并成功完成了指令，那么就是模仿者赢了。

★**步骤5：** 交换角色，这样每个人都有机会成为模仿者。

让它变得更简单一点： 让模仿者站得远一点。

让它变得更难一点： 加入更多的人，这样指令就更难传递了。

额外训练到的部位/能力： 实践能力。

自制乐器

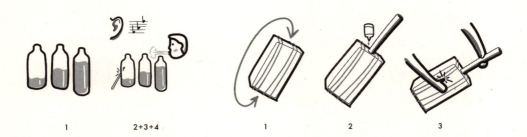

1   2+3+4   1   2   3

★**游戏说明：** 音乐是一种体会听觉系统的奇妙方式，如果是自制的乐器那就更好了。

★**材料：** 空瓶子（最好是玻璃瓶），水，橡皮筋，空鞋盒或其他小盒，筷子，卫生纸筒，胶水。

★**所需空间：** 小。

★**时间：** 20 ～ 30 分钟。

★**准备工作：** 把所需要的材料都摆放出来，你和孩子将制作两种乐器。

制作音乐瓶

★**步骤 1：** 将不同量的水倒进不同的瓶子里。

★**步骤 2：** 如果用的是玻璃瓶，让孩子用筷子敲击瓶身来演奏音乐。如果用的是矿泉水瓶等塑料瓶，孩子可以像吹笛子一样吹瓶口，这可能需要家长教他们怎么做。

★**步骤 3：** 仔细听一听声音是如何随着瓶子里水的高低而变化的。

★**步骤 4：** 他们能把瓶子按照低音到高音排列吗？

制作橡皮筋吉他

★**步骤 1：** 让孩子在打开的鞋盒上绑 4 根橡皮筋。

★**步骤 2：** 用胶水把卫生纸筒粘在盒子的侧面。

★**步骤 3：** 一把简易吉他就做好了，摇滚时间到了！

让它变得更简单一点： 你来为孩子制作其中一个或所有的乐器，让他们演奏。

让它变得更难一点： 孩子能用这些乐器演奏一首歌吗？

婴儿可参与活动： 把自制的吉他放在地上，让宝宝尽情玩耍。

额外训练到的部位 / 能力： 精细运动技能，触觉。

● ● ● ● ● ● ● ● ● 拍手，打响指，跺脚 ● ● ● ● ● ● ● ● ●

★**游戏说明：** 没有什么比夏令营更美好的事情了，在我作为职业治疗师的几年时间里，我非常享受与孩子们一起工作的时光。每当我们有闲暇时间的时候，就会玩这个游戏。我完全没想到自己会在接下来的几年时间里一直玩这个游戏。

★**材料：** 无。

★**所需空间：** 小。

★**时间：** 5～10 分钟。

★**准备工作：** 无。

★**步骤 1：** 和孩子背靠背站在一起。

★**步骤 2：** 想出"拍手，打响指，跺脚"的一组动作，并让孩子模仿。从简单的"拍手，拍手，拍手"开始，然后转向更难的动作序列，但要坚持使用拍手、打响指和跺脚这 3 种动作。

★**步骤 3：** 现在让孩子重复这套指令与动作。

★**步骤 4：** 轮到孩子了！他们能想出一组新的动作让你模仿吗？

★**步骤 5：** 和孩子轮流想出拍手、打响指和跺脚的不同组合。

让它变得更简单一点： 面对面，而不是背靠背玩这个游戏。

让它变得更难一点： 他们能在该动作指令上加入新的指令吗？比如你说"拍手，拍手，拍手"，他们在此之后加上"跺脚，拍手"，那么此时指令就变成了"拍手，拍手，拍手，跺脚，拍手"，以此类推，你们可以加入更多的指令。看看你们能重复这个指令多久。

额外训练到的部位 / 能力： 实践能力，本体觉。

"船"与"床"的对决

★**游戏说明：** 有些人可能会觉得这个游戏看起来有些愚蠢，但对于听觉系统有困难的人来说，这个游戏可能会非常有挑战性，所以保持放松。

★**材料：** 无。

★**所需空间：** 小。

★**时间：** 5 ～ 10 分钟。

★**准备工作：** 选择两个发音相近的汉字，如"船"与"床"。

★**步骤 1：**告诉孩子当听到"船"这个字时，就拍手或跺脚。

★**步骤 2：**现在，用不同顺序说出"船"和"床"，并适当地暂停以确保他们没有错过。当他们听到"船"时，做拍手的指令。下面有 3 个示例。

★**容易版：**床，床，床，床，床（暂停），船（暂停），床，床。

★**升级版：**床，船，船，床，船，床，床，床，船。

★**更难的版本：**船，床，船，床，床，船，床，船，船，船，床，船，床。

让它变得更简单一点：在说下一个字之前，暂停一秒钟。

让它变得更难一点：说得快一点——这对你来说也会是一个很厉害的绕口令，看看孩子能做出多快的反应。

额外训练到的部位 / 能力：本体觉。

听音辨位

★**游戏说明：**看看孩子能否顺着声音找到音乐盒。

★**材料：**小型音乐盒（如果没有音乐盒，一个小型便携式扬声器也可以）。

★**所需空间：**中等。

★**时间：**5 ～ 10 分钟。

★**准备工作：**让音乐盒播放音乐，并藏起来。

★**步骤 1：**告诉孩子，你需要他们的帮助来找到音乐盒。

★**步骤 2：**让孩子去找。

★**步骤 3：**一旦孩子找到音乐盒，就再次把它藏在一个新的地方，重复上述步骤。

让它变得更简单一点：把音乐盒放在一个容易找到的地方。

让它变得更难一点：把音乐盒藏在沙发之类的东西里，这样音乐声可能会被掩盖一些。孩子还能清晰地听到并定位音乐盒所在的位置吗？

婴儿可参与活动：把音乐盒藏在毯子下面，看看宝宝是否能找到它。

额外训练到的部位 / 能力：视觉。

猜歌名

★**游戏说明：**如果在家庭游戏之夜玩这个游戏，包括孩子和爷爷奶奶，每个人都会玩得很开心。我喜欢经典的迪士尼歌曲，但你也可以用孩子最喜欢的音乐。

★**材料：**一个能够播放音乐的设备。

★**所需空间：**小。

★**时间：**5 ～ 10 分钟。

★**准备工作：**准备好一个歌曲播放列表，列表里是孩子知道的歌曲。

★**步骤 1：** 告诉孩子游戏内容是猜出歌名。

★**步骤 2：** 开始播放音乐，让孩子猜歌。一旦他们猜出来了，就把歌名写下来（如果他们还不会写字，那就画出来），鼓励他们继续加油。你可以选择任何一首歌，没有歌词的也可以，但这首歌应该是孩子知道的。

★**步骤 3：** 等每个人都猜完了，一起展示答案，看看谁猜对了。

★**步骤 4：** 换一首新歌重复上述猜歌名的过程。

让它变得更简单一点： 把歌曲和歌词结合起来。

让它变得更难一点： 开始计时，让他们在规定时间内猜出歌名。

额外训练到的部位 / 能力： 精细运动技能。

其他的听觉训练活动

许多常见的儿童游戏需要认真遵循游戏说明，以下是我推荐的一些游戏。

庭院 / 户外 / 室内游戏

▶西蒙说游戏。

▶让孩子给你拿东西（例如"给我拿个红色和蓝色的袋子"）。

▶玩抢椅子游戏。

▶演奏乐器。

▶创作歌曲。

▶按节奏拍手。

▶去公园，说出所听到的声音。

▶打电话。

▶"我们需要一个人"游戏。

PLAY TO
PROGRESS

第 9 章

内感受系统

身体内部平衡，情绪更稳定

　　本章我们将要讨论八大感觉系统的最后一种——内感受，这是关于我们身体内部感觉的系统。你或许之前都没有听说过它，因为它是最隐蔽的一种感觉系统。内感受可以帮助我们识别自己是否冷、热、渴、饿，或者是否需要去洗手间，与此同时，内感受会帮助我们的身体解读基于感觉系统产生的不同感受。可想而知，这种感觉对于我们身体的整体调节与控制是多么重要。凯利·马勒是一名职业疗法专家，他在研究内感受系统后著有《内感受课程：如何逐步发展自我调节》（*The Interoception Curriculum: A Step-by-Step Framework for Developing Mindful Self-Regulation*）一书，他认为内感受是一个对"我感觉如何"进行回答的系统。一旦我们意识到这种感觉，下一步就会采取行动让身体恢复内在的平衡。比如，感觉饿了你就会去找东西吃。

如厕训练能够很好地说明内感受的功能及其影响，它一般发生在孩子 3 岁左右的时候，但每个孩子都不一样。如厕训练的第一步是让孩子能够识别他们什么时候需要上厕所。内感受帮助人体确定这种需求，所以你可以想象一个蹒跚学步的孩子，如果他们的身体感觉不到需要上厕所，会经历什么样的困难。对于父母和孩子来说，如厕训练的延迟可能会让他们感到沮丧，父母应当在孩子还没进入学校之前，就帮他们完成如厕训练。

内感受让我们知道自己什么时候饿了或渴了。当孩子的肚子"咕咕"叫时，他们知道该去拿点儿零食或者跟你要吃的，当然，等他们吃饱的时候就会停止进食。当孩子在温暖的天气里绕着操场跑的时候，内感受会让他们意识到口渴的感觉，让他们想找一杯清凉的饮料喝。

此外，内感受负责帮助我们理解体内所经历的情绪状态。如果孩子听到一声"咯吱"的声音，他们会感觉到自己的心跳加快，因为他们觉得这是一个隐藏在床下的怪物或别的东西。他们会将自己的心跳加速与恐惧联系起来，但理想情况下，这会引导他们打开夜灯，来让自己感到安全。如果孩子有良好的内感受系统，他们会更深刻地感受到这些情绪与体内感受受之间的联系。内感受对情绪调节至关重要。孩子需要注意到内在的暗示，并识别出它们的意思，这样他们才能在情况失控之前就跑去上厕所，或者拿零食。当孩子们正在学习解读内在的暗示时，父母和看护者可以鼓励他们建立这种联系："我看到你在扭动你的身体，我想知道你是否需要去洗手间？"

当我对内感受的相关知识了解得越来越多，我总会想起自己改善内感受系统的心路历程。据我妈妈说，我小时候简直就是一个"永远不会上厕所"的孩子，长大后又是一个患有自身免疫性疾病的成年人，因此，我必须学会敏锐地注意自己的身体所发出的信号来保持健康，保护自己。我还经常发脾气，很容易变得暴躁，我不知道自己的情绪是如何表现以及在哪里释放的。直到成年后我接触到正念，这才让我有能力识别我在哪里感受到这些情绪，并评估我内在的整体状态。现在，每当我感到焦虑的时候，我都能有所察觉并知道什么时候需要放松一下。当我的体内有炎症的时候，我也能感觉到，这时我会转向那些能滋养我的食物，并确保自己得到了足够的休息。

　　我们要教会孩子识别身体发送给他们的关于情绪和感觉的信息。父母可以用特定的语言来引导，例如，"哇，我知道你情绪很激动。""我注意到你把杯子扔了。""你现在一定感觉很饱。"特别是在情绪方面，如果孩子能识别出身体不适的迹象，那么他就能利用我们训练治疗中经常提到的工具箱来让自己冷静下来。

**感统训练
工具箱**

调节工具

● 划出一个安静的角落，比如一顶帐篷或一个没有任何刺激的角落。这不只是一个休息的地方，还是一个放有毛绒玩具、一两本书和一些枕头的令人舒缓的地方。

● 为孩子准备一套安抚工具，比如一个装有减压球、小的加重球、阻力带等物品的箱子。

● 制作一个"闪闪发光瓶"（见 189 页，在孩子调节失常时能够给予他们安慰）。

● 给孩子准备一些舒缓的精油，帮助他们深呼吸并平静下来。

内感受系统是如何工作的

我们的身体器官上有许多内感受受体，这些受体产生的信号被发送到大脑中负责处理体内平衡的区域，该区域让我们具备保持调节和正常工作的能力（见图 9-1）。内感受很复杂，比其他的感觉系统都要复杂。事实上，关于是否把内感受归为一种感觉系统尚存争议，但为了本书的整体训练目标，我们还是称其为第八种感觉系统。

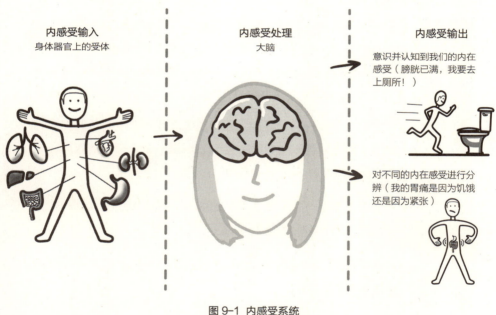

图 9-1 内感受系统

你可能听说过"内感意识"这个词，它指的是我们意识到身体内部暗示的能力，例如吃饱了，感觉累了。这种能力能够帮我们识别出一种感觉并根据它采取行动，以保持或调节身体的内在平衡。关于婴儿内感意识发育的研究并不多，但有一项研究表明，有些婴儿对内部暗示比其他婴儿更敏感，这种情况一般通过他们的心跳来显现。最近的研究还涉及了内感意识在焦虑症、孤独症、注意缺陷多动障碍和其他情绪或行为障碍中所发挥的作用。理解自己身体的内部暗示可以帮助孩子们变得有社会意识、良好的规则感和直觉，这些都是学业和社会生活成功的基础。

内感受的关键作用

内感受分辨： 能够辨别身体的内部暗示是很重要的。例如，肚子饿得咕咕叫和恶心的感觉是不同的。清晰辨别这些感觉，并采取相应的行动，能帮助孩子针对自己的身体状态做出正确的反馈。有的孩子可能无法理解身体在告诉他们什么，以及这种感觉的确切来源，从而导致焦虑，难以进行正常的自我调节。有的孩子可能因为兴奋而感到紧张，但误以为是害怕，比如对去朋友家过夜感到紧张。

内感受调节： 就像其他 7 种感觉一样，我们期待孩子能够对内感受输入做出正确的反应，但很多孩子可能会对所收到的关于感觉或情绪的信息反应过度或不足。孩子可能直到最后一刻才会觉得他们需要上厕所（反应不足），或者他们也可能在他们真正需要上厕所之前就跑去上厕所（反应过度）。

内感受训练活动

我身体的哪个部位感觉到了？

1   2   3   4   5

★**游戏说明：**这个正念活动会指导孩子如何识别自己的情绪，了解情绪对应的身体感觉。

★**材料：**打印出表达不同情绪的人脸图片（我喜欢用孩子的真实照片），胶水，厚纸或卡片。

★**所需空间：**小。

★**时间：** 10 ～ 15 分钟。

★**准备工作：**把这些人脸剪下来，然后把它们粘在厚纸或卡片上，做成一张张单独的卡片。

★**步骤 1：**将卡片有人脸的一面朝下，放在桌子上。

★**步骤 2：**让孩子选择一张卡片，把它翻过来看上面的图片。

★**步骤 3：**让孩子识别图片上人脸的情绪。

★**步骤 4：**让孩子告诉你他们有这种情绪的一次经历。

★**步骤 5：**让孩子指出自己身体的哪个部位有这种感觉。如果他们需要帮助，给他们举一些例子："有时候，当我心跳很快时我会感到恐惧。"或者"当我兴奋的时候，我的胳膊和腿都能感觉到我的兴奋，于是我会想跳上跳下。"

★**步骤 6：**重复步骤 1 ～ 5，直到翻完所有的卡片。

这个训练游戏要以孩子为中心，给他们足够的思考和回答的时间。有些问题你知道答案，但他们可能不知道自己身体的感觉，他们的身体感觉也可能和你的不一样。

让它变得更简单一点：如果孩子在将卡片上所显示的表情和他们所经历的情绪联系起来时有困难，你可以给他们一些帮助。例如："我记得我们在去迪士尼乐园的路上你很兴奋。"

让它变得更难一点：使用更抽象的情感，比如"无聊"。

额外训练到的部位 / 能力：本体觉。

· · · · · · · ·　　　戳破气球　　　· · · · · · · ·

★**游戏说明：**这是很一个简单的游戏，告诉孩子感受自己的心跳，以及当他们感到惊讶或害怕时，他们的心率是如何增加的。

★**材料：**气球，可以戳破气球的东西（我一般选择回形针）。

★ **所需空间:** 小。

★ **时间:** 5 ～ 10 分钟。

★ **准备工作:** 吹气球。

★ **步骤 1:** 告诉孩子你要戳破气球,然后一起感受气球被戳破后的心情。

★ **步骤 2:** 让孩子预测在气球被戳破后,自己的心脏会有什么样的感觉?

★ **步骤 3:** 不要告诉孩子你准备什么时候戳破气球。确保你们离得足够近,这样声音会很大,但不要让他们看到你的手,把它变成一个"惊喜"。

★ **步骤 4:** 戳破气球。

★ **步骤 5:** 让孩子把手放在心脏上,看看心跳是否加快。

★ **步骤 6:** 告诉孩子,当我们害怕或惊讶时,我们的心跳是如何加快的。

让它变得更简单一点: 如果孩子在等待"惊喜"的过程中觉得有点儿难熬,那就让他们自己戳破气球。

让它变得更难一点: 关上灯,在黑暗中完成这个游戏。

额外训练到的部位 / 能力: 听觉。

闪闪发光瓶

★**游戏说明：**闪闪发光瓶是一个方便使用的工具，可以给孩子们一个缓冲和深呼吸的机会，帮助他们度过困难的时刻。闪闪发光瓶非常有效，孩子们很快就会喜欢上它。我的一个客户甚至在爸爸对她生气的时候把自己的瓶子递给了爸爸。

★**材料：**梅森瓶，1 杯水，1 / 4 杯胶水，1 / 2 杯闪光粉。

★**所需空间：**小。

★**时间：**5 ～ 10 分钟。

★**准备工作：**把准备好的所有材料放在桌子上。

★**步骤 1：**让孩子把水倒进梅森瓶。

★**步骤 2：**加入胶水。

★**步骤 3：**加入闪光粉。

★**步骤 4：**盖上瓶盖，确保密封良好，然后摇晃瓶子，直到所有原料充分混合。如果你想要密封效果更好，可以将热熔胶涂到瓶盖的内侧，然后再拧到瓶子上。

★**步骤 5：**向孩子解释，摇瓶子时，就像我们的大脑，有很多想法和感觉在快速移动，可以通过观察和呼吸来让自己平静，就像闪闪发光的亮片慢慢地沉淀在瓶子的底部。

★**步骤 6：**提醒孩子，在他们不高兴的时候可以使用这个工具，帮助他们平静下来，深呼吸，然后说出自己的心事。

让它变得更简单一点： 家长为孩子做一个闪闪发光瓶。

让它变得更难一点： 添加特殊类型的闪光粉来表达不同的情绪。例如，星星形状的闪光粉代表愤怒，紫色的闪光粉代表悲伤。

额外训练到的部位 / 能力： 精细运动技能。

其他内感受训练活动

这些方法可以帮助孩子与他们体内正在发生的事情建立联系。

后院 / 户外 / 室内游戏	书
▶ 做瑜伽。 ▶ 做呼吸练习。	▶ 加比·加西亚（Gabi Garcia）的《倾听我的身体》（*Listening to My Body*）。 ▶ 克里·李·麦克莱恩（Kerry Lee MacLean）的《平静的小猪冥想》（*Peaceful Piggy Meditation*）。

第 10 章

聪明的玩具，
玩出创造力

　　我们已经全面了解了八大感觉系统，现在是时候向大家介绍另一个重要的概念了，那就是感觉运用。你可能对感觉运用这个名词不太熟悉，但你肯定对它的实际应用并不陌生。事实上，我们每天都在练习这一技能。当孩子们处在不同的情境下，身体面临不同的挑战时，都能让这一技能得到发展。在《儿童感觉统合》（ Sensory Integration and the Children ）一书中，琼·爱丽丝将感觉运用定义为有概念、有计划地组织新活动的能力。当你带孩子进入一个大型游戏主题公园时，他们必须计划如何到达那里，如何进行他们所需要的运动，然后去做。

　　如你所料，感觉运用对孩子的自尊心及归属感的养成有巨大的影响。我经常回忆起，在我十几岁的时候，自己的感觉运用是如何影响我的自信心的。我从来都不是协调性最好的人，不过在我的努力下，我通常能跟上大家的进度。我一直是啦啦队的一员，但是高三那年，我竟然被啦啦队除名了！这让我深受打击，我甚至因此丧失了自信。直到几年后，当我在职业治疗学校开始练习瑜伽，并了解到感觉系统的相关知识后，我才理解了在我身上所发生的一切。如果你不希望孩子缺乏自信，经历被拒绝的事情，那应该在早期就帮助他们，我们对此有很多训练的方法。

我们把训练分解得很细，这样孩子就可以掌握与感觉运用相关的每个技能。首先，孩子需要运用构思能力，思考他们想做什么，然后他们需要思考并规划行动顺序，即想出他们将要采取的步骤和将实施的顺序，最后他们需要执行自己的计划。

让我们再详细分析一下。

感觉运用是如何发挥作用的

创意是感觉运用能力的一部分。现在越来越多的孩子沉溺于电子屏幕，以及那些能够发光、自己移动的玩具。许多电子游戏的套路就是让游戏者遵循规定的路径或完成规定的动作序列，所以玩这些游戏变成了被动且重复地执行一系列指令的过程，这并没有利用孩子的创造力。许多玩具也能引导孩子如何玩耍，但需要孩子们做出的选择有限，比如一辆电动卡车，它也不过就是前进或者后退；但如果是一个桶和一些棍子，那就能给孩子们提供很多开放式的游戏。目前，开放式玩具，也就是那些灵活且富有创意的玩具少之又少。利用家庭日常用品来激发孩子的想象力就像一门艺术，而现在这门艺术正在流失。在我们的音乐和运动训练课程上，我让孩子们绕着房间跑来跑去，同时收集可以作为乐器的物品。这个游戏只有一条规则：这个物品不能是真正的乐器。当我第一次介绍这个游戏时，我以为他们会拿锅碗瓢盆这些能够发出声音的物品，但事实上，许多孩子很难想到要拿这些物件，最近竟然有个孩子拿了个芭比娃娃。

**感统训练
工具箱**

开放式玩具

开放式玩具对于打造那些富有想象力的游戏是不可缺少的组成部分，这些玩具可以瞬间"变身"，融入各种游戏。锅和盘子可以当作一套鼓；杯子、帽子可以当作独角兽的角；纸箱可以当作赛车、宇宙飞船或者毛绒玩具的家。为孩子准备这些开放式玩具吧，用来替代那些电池驱动的玩具。

- 锅碗瓢盆。

- 皱巴巴的纸。

- 可以画画的纸。

- 报纸。

- 木质玩具（如木头块）。

- 杯子。

- 水。

- 粉笔。

- 喷雾瓶。

- 空盒子。

- 任何非电子的玩具和日常用品。

当孩子开始准备玩耍的时候，他们首先得决定自己要做什么。例如，他们在院子里找到一个水桶，他们是要装满水，是拖着它穿过院子去浇花，还是把它倒过来，找到一根棍子，把这个水桶当成一个鼓来进行音乐创作呢？这就是构思，即想出一个能够执行的想法的过程。

孩子一旦有了自己的想法，下一步就是让他们计划好行动步骤。如果他们决定把水桶装满水，那接下来他们打算怎么做？他们可能会发现，如果水桶倾斜，水就会溢出来，他们需要把水桶靠近水龙头才能接到水。他们也可能会发现，自己不能把水桶装得太满，不能把整桶水都用来浇花。如果他们把桶当成鼓，该如何把棍子做成鼓槌呢？拎着桶的时候，他们会走在小路上，还是穿过花丛？下次他们在院子里玩的时候，还可以继续探索这次的计划。事实上，一旦孩子学习并成功做到了某个特定的动作，比如系鞋带，大多数时候他们都能记住并重复运用它，这一点在运动、写作和游戏中都很有用。

最后一步是执行计划，这是孩子落实整个计划的时候。他们穿过院子，拿起水桶，把水管放进去，装满水，浇花。这也要求他们有完成特定动作所需要的肌肉力量和身体能力。他们可能无法完全按照最初的计划去做，但如果水桶太重了，他们也可以倒出一些水来调整重量，或者往水龙头那里多跑几趟。

事实上，其他感觉系统也会对实践和运动规划产生影响。如果一个孩子在运动规划方面有障碍，他可能在运动时就会遇到困难。有运动障碍的孩子可能动作笨拙，在精细运动技能和大肌肉运动技能方面都会面临挑战，而这会影响他们与其他小伙伴之间的友谊以及他们的自信心。患有运动障碍的孩子可能更喜欢独自玩一些坐着完成，不需要大幅度运动的游戏，这在日后可能会导致肥胖以及其他生活方式上的负面后果。请家长记住，孩子们在运动规划的过程中可能需要不断地尝试，也会犯错误。比如，孩子在第一次把水桶装满水时可能会溅出很多水，但他们在重复尝试并掌握后，就会做得很好，所以你应该多多鼓励他们，让他们继续努力，即使这个过程中会有让人沮丧的时候。

探索和练习是提高实践能力的最好方法。利用你们家房子周围现有的东西，建造"堡垒"，和孩子一起在院子里进行探索，鼓励他们去玩富有想象力的游戏吧。

感觉运用能力训练活动

熔岩地面

1 + 2   3 + 4   5

★**游戏说明：**早在真人秀节目播出之前，几代孩子都在玩这个游戏。小心，别被"烫伤"了哟！

★**材料：**能让孩子站在上面的物品，如沙发、枕头、瑜伽垫、凳子、洗衣篮，以及其他能帮助他们避免碰到"熔岩"的物品。

★**所需空间：**大。

★**时间：**30 分钟以上。

★**准备工作：**把准备好的所有物品放在一起。

★**步骤 1：**选择一个地方设为起点，例如，厨房的桌子。

★**步骤 2：**设一个终点，例如，客厅的沙发。

★**步骤 3：**告诉孩子，家里的地板即将变成熔岩，他们需要搭建一条从起点到终点的安全路线，以避免接触熔岩。

★**步骤 4：**给孩子大约 30 分钟的时间来搭建安全路线，如果他们需要更长的时间，那就再多给他们一点时间。在他们搭建的过程中，如果你注意到他们选择了一些你知道可能不太好用的东西，先不要告诉他们，让他们自己尝试一下。考虑到安全方面的因素，这期间他们可能会需要你的协助。

★**步骤 5：**搭建好安全路线就告诉孩子"熔岩已经释放"，让他们开始沿着自己铺就的安全路线，冲向终点。

让它变得更简单一点：你来帮孩子搭建这条安全路线，让他们从头到尾沿着这条路线前进。

让它变得更难一点：增加时间限制。给孩子提供一些可选用的物品，比如坐垫、洗衣篮和两把椅子，然后让他们从中挑选特定的物品，比如要求他们必须使用蓝色的洗衣篮或者黄色的枕头，也可以让孩子自己收集房子里可用的物品。

婴儿可参与活动：设置一个适合宝宝的绕过障碍物的游戏，把他最喜欢的玩具放在沙发的另一边，看他如何爬过去。

额外训练到的部位 / 能力：本体觉。

● ● ● ● ● ● ● ● ● 　　**厨房摇滚乐队**　　● ● ● ● ● ●

★**游戏说明：**任何人都可以组建一支乐队，甚至都不需要专门的乐器。在家里可以让孩子把锅和盘子当成鼓，然后进行实践。当然，第一个步骤也是最关键的步骤，那就是构思。

★**材料：**日常用品，如锅碗瓢盆、杯子、积木、木勺等。

★**所需空间：**小。

★**时间：**20 ～ 30 分钟。

★**准备工作：**无须提前准备。

★**步骤 1：**是时候创建一支厨房摇滚乐队了！鉴于厨房摇滚乐队不使用任何传统乐器，所以告诉孩子，他们必须自己制作乐器。让他们在家里转转，找到一些可以变成乐器的东西。

★**步骤 2：**尽量不要引导孩子做选择，而是让他们自己去探索，看看各种东西是如何在一起碰撞产生声音的。

★**步骤 3：**一旦孩子找到了他们认为合适的乐器，就可以开始演奏啦。

★**步骤 4：**孩子能再制作一种乐器吗？他们能做个乐器，让你跟着一起演奏吗？

让它变得更简单一点：你负责准备一些物品，让孩子把它们当作乐器，开始这个游戏。

让它变得更难一点：增加时间限制，告诉孩子要在特定时间内，找到特定房间里可使用的物品。

婴儿可参与活动：让孩子探索不同的物品，如用锅碗瓢盆制造声音。

额外训练到的部位／能力：听觉。

● ● ● ● ● ● ● ●　　猜猜它是什么？　　● ● ● ● ● ● ● ●

★**游戏说明：**这种想象力类的游戏可以在任何时间、任何地点去玩，是锻炼思维能力的理想游戏。这个游戏让我回想起自己用梳子当麦克风的那些岁月。

★**材料：**任何你能拿到的物品。你现在手里拿的是什么？一本书？太棒了，它就可以！你也可以用叉子、塑料容器或勺子，任何物品都可以在这个游戏中发挥作用。

★**所需空间：**小。

★**时间：**5 ～ 10 分钟。

★**准备工作：**无须提前准备。

★**步骤 1：**给孩子 3 样物品，问他们这 3 样物品还有什么别的用途，看他们能想出来多少。他们还可以使用周围的其他道具。你也可以给他们举个例子，比如"这个碗可以当作一顶帽子"。

★**步骤 2：** 开始倒计时 1 分钟，让孩子想出尽可能多的答案。那个杯子可以当作手机吗？可以当作独角兽的角吗？还能当作其他什么呢？

★**步骤 3：** 重复不同的物品，尝试做更多的想象力发散。

让它变得更简单一点： 不限制时间。

让它变得更难一点： 选择一些更难想出其他用途的物品，比如一把梳子或一张纸。

婴儿可参与活动： 给宝宝一些材料，如皱巴巴的纸、塑料杯等，让宝宝尽情地玩耍与探索。

额外训练到的部位 / 能力： 本体觉。

穿越"蜘蛛网"

  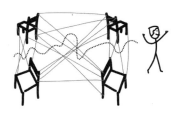

| 1 | 2 | 3 |

★**游戏说明：** 如果某一天你走进我们的训练教室，你可能会看到一个小

房间里到处都是绳子，还有一些孩子试图从一边移动到另一边，而不被绳子缠住。

★**材料：**一卷纱线或绳子，4把坚固的椅子。

★**所需空间：**大。

★**时间：**30分钟以上。

★**准备工作：**将4把椅子摆成一个正方形，每把椅子之间距离0.6～0.9米。现在拿起绳子，从多个方向把椅子连起来，在椅子之间形成一张"蜘蛛网"。

★**步骤1：**让孩子变成一只"吓人的蜘蛛"吧！让他们挑战从"蜘蛛网"的一边移到另一边而不被网缠住。

★**步骤2：**他们可以在"蜘蛛网"下面爬，也可以从侧面穿过。他们可能会在前进的时候被缠住，让他们自己想办法挣脱。

★**步骤3：**如果他们没有被缠住，就为他们庆祝一下。

让它变得更简单一点：做一个简单的蜘蛛网。

让它变得更难一点：孩子能自己制作这个蜘蛛网吗？

额外训练到的部位/能力：本体觉。

迷宫挑战

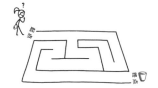  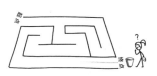

1   2   3

★**游戏说明：** 没有玉米的玉米迷宫！

★**材料：** 胶带，水桶，装豆子的布袋。

★**所需空间：** 大。

★**时间：** 15 ～ 20 分钟。

★**准备工作：** 使用胶带在地板上设置一个迷宫。在迷宫的终点放一个桶，在迷宫的起点放一个布袋，如果孩子愿意重复玩这个游戏，可以在起点多放几个布袋。

★**步骤 1：** 告诉孩子要在不踩到胶带或不进入死胡同的情况下，成功把袋子放进水桶里。

★**步骤 2：** 让孩子穿过迷宫走到水桶旁。

★**步骤 3：** 现在他们能重新返回起点，拿剩下的袋子吗？

让它变得更简单一点： 设置一个简单的迷宫。

让它变得更难一点： 孩子能自己制作迷宫吗？

额外训练到的部位 / 能力： 视觉。

呼啦圈大赛

1   2   3

★ **游戏说明：** 看着孩子们动脑筋去解决这个游戏中出现的问题是很有趣的。下一次的游戏之夜就可以选择这个游戏，所有家庭成员都可以一起参与，大家是否准备好迎接挑战了呢？

★ **材料：** 2 个呼啦圈，如果要以比赛的形式来玩这个游戏，那需要的呼啦圈会更多。我发现那种重的、充水的呼啦圈是最好用的。

★ **所需空间：** 大。

★ **时间：** 15 ~ 20 分钟。

★ **准备工作：** 选择好游戏的起点和终点，比如院子的两边。

★**步骤 1**：把 2 个呼啦圈都递给孩子。

★**步骤 2**：他们要挑战从起点走到终点，但他们每一步都要踏在呼啦圈里，而且只能使用 2 个呼啦圈。

★**步骤 3**：让孩子自己弄清楚任务要求，然后思考需要怎么做才能完成任务。不要直接告诉孩子方法，给他们一些时间，让他们自己解决问题。放下 2 个呼啦圈，进入第一个呼啦圈，然后再迈入第二个呼啦圈，转过身，拿起身后的呼啦圈，把它移到前面。他们需要不断重复这个过程，直到到达终点。

让它变得更简单一点：家长向孩子展示，如何用这 2 个呼啦圈完成挑战。

让它变得更难一点：家长和孩子一起比赛，看谁能先到终点？

额外训练到的部位 / 能力：本体觉。

让气球飞一会儿

1   2   3

★游戏说明： 这是让气球保持在空中不掉在地上的一个经典游戏。用粉笔在地上画几个圆圈，虽然这么做会增加游戏的难度，但有助于提高孩子在运动规划方面的能力。

★材料： 充了气的气球，粉笔（如果你在室内玩，可以使用枕头等其他道具）。

★所需空间： 大。

★时间： 25～30分钟。

★准备工作： 在地面上画6～8个大圆圈，每个圆圈之间可以间隔几厘米。

★步骤1： 告诉孩子不能让气球掉到地上，不能用手拿着气球，要想办法让气球保持在空中，同时确保自己移动时在圆圈里。

★步骤2： 开始吧，把气球扔给孩子！提醒他们不能用手握住气球不松开，而是应该不断地去拍气球，让它一直飞在空中。

★步骤3： 看看在这个游戏中，气球能在空中待多久？

让它变得更简单一点： 把地上的圆圈画得近一点。

让它变得更难一点： 把地上的圆圈画得散开一些。

额外训练到的部位／能力： 视觉，本体觉，前庭觉。

其他感觉运用训练活动

自由玩耍可以增强孩子的运动规划能力，试试下面这些活动吧！

| 庭院 / 户外游戏 | 桌上游戏和其他类别游戏 |

庭院 / 户外游戏

▶ 参观一个新操场。

▶ 攀岩。

▶ 做瑜伽。

▶ 做体育运动。

桌上游戏和其他类别游戏

▶ 开放式玩具，如木块、简单的毛绒动物玩具、任何没有电池驱动的物品。

▶ 使用纸箱或卫生纸筒来搭建一些结构或雕塑。

▶ 身体扭扭乐游戏。

▶ 猜词游戏。

▶ 过河石感统训练。

▶《雪人意面》桌游。

▶ 比手画脚游戏。

第 11 章

八感协调，
精细运动做得好

现在，我们要讨论如何锻炼孩子精细运动技能这个话题了，几乎每天都有家长来问我与此有关的问题。精细运动技能是孩子使用手以及手指上微小肌肉的能力。人体的感觉系统会影响精细运动技能，如果没有八大感觉系统为我们提供坚实的基础，完成精细运动就会很困难。到目前为止，我们主要谈论的八大感觉系统主要负责帮人体完成利用肌肉、胳膊和腿来走路、跳跃或攀爬等活动，而精细运动技能会影响人体做动作的精确度，比如按下按钮，正确地握笔。孩子们每天用这一技能来完成穿衣、吃饭、做手工、写字、系鞋带和扎头发等活动。我之所以提到扎头发，是因为长头发的孩子在扎头发时，可能会因为缠住的发带感到沮丧。关于精细运动技能我可以写一整本书，因为这个话题有很多可展开的内容，不过所有精细运动技能的根源都是拥有一个强大的感觉系统，因此在本书中我们主要进行一些基础性的介绍。

在孩子出生的第一年，精细运动技能就已经开始发育了。婴儿伸手去拿玩具，就是他们精细运动技能发展的开始，而用食指和拇指共同拿起麦片，则是他们下一个阶段要发展的精细运动技能。

在这里我要提到另一种需要了解的能力，叫作越过身体中线的能力。你用右手拿笔在纸的最左边画画就是越过中线。大多数儿童都有先天的优势手，这是正常的现象，这一点甚至对精细运动技能的发展至关重要，他们应该在身体两侧轻松地使用优势手。如果孩子没有明显的优势手，而是经常两只手来回切换使用，这通常不是他们双手灵巧的标志，而是说明他们可能没办法用一只手流畅地越过身体中线。

精细运动技能的发育还包括以下几方面。

单手操作： 不需要使用另一只手帮忙，单手就可以移动小物品的能力。如果一个孩子手里有一堆硬币，他想把这些硬币放进存钱罐里，他通过单手操作能够把硬币从手掌移到指尖，依靠精细运动技能把硬币放进存钱罐。拥有这项能力，意味着孩子未来可以轻松地调整握笔的姿势，使手更靠近笔尖，用手指转笔，翻转铅笔来使用顶部的橡皮。

抓握： 抓握能力不仅仅体现在孩子拿餐具或握铅笔的方式上，还表现在很多地方。抓握能力从拿起和摇晃拨浪鼓，发展到用铅笔写字，这中间有很多种抓握模式。例如拿起麦片、拾起积木、握住儿童蜡笔这些都是不同的抓握。我不要求孩子们都能做到精准地抓握，我自己也没有做到，但我会观察他们是否能够干净利落地完成所有的日常任务，并保有耐力。如果孩子的握笔姿势不是很好，但笔迹很好，并且可以做到写一段时间也不觉得格外疲累，那么我就不用担心他们握笔是否正确了。

双边协调： 双手一起完成任务的能力。当孩子从一张纸上剪出一个圆圈时，他们需要用优势手来使用剪刀，而用非优势手来握住纸张，并旋转这张纸。

在孩子坐到餐桌前练习精细运动技能时，要先确保孩子的坐姿正确，否则会影响他们身体的稳定度，也会给使用双手增加困难。所以，如果孩子吃饭时很邋遢，需要先检查他们的坐姿，看看调整坐姿是否有助于他们使用餐具。

**感统训练
工具箱**

正确坐姿小贴士

- 让孩子坐在有靠背的、稳固的椅子上。

- 让他们的臀部挨着椅背，这样他们的背就能紧靠着椅背。但这样坐的话，有些孩子的脚就碰不到地了，那就在椅背处放几个结实的枕头，支撑住他们的脚。如果他们的脚还够不到地面，就用脚凳。

- 把椅子移到桌子下面一些。

精细运动技能训练活动

鸡蛋盒配色挑战

1　　　　　　　　　2　　　　　　　　　3

★ **游戏说明：** 这个游戏既简单又有趣。只用一些小东西就可以玩起来。

★ **材料：** 小夹子，彩色绒球或彩色棉球，空鸡蛋盒，与绒球颜色相匹配的记号笔或颜料。

★ **所需空间：** 小。

★ **时间：** 15～20分钟。

★ **准备工作：** 给鸡蛋盒上色，每个格子的颜色不同，而且要与你准备的彩色绒球的颜色相对应。

★ **步骤1：** 给孩子小夹子。

★ **步骤2：** 在孩子旁边放一堆彩色绒球。

★ **步骤3：** 让孩子用夹子一个接一个地夹起绒球，并把它放在相同颜色的鸡蛋盒的格子里。鼓励他们找出所有与绒球颜色对应的格子。

让它变得更简单一点： 让孩子直接用手而不是夹子来练习他们的抓握能力。

让它变得更难一点： 用筷子代替夹子。

婴儿可参与活动： 如果宝宝还不会使用夹子，就让他们用拇指和食指拿起彩色绒球，把它们放进鸡蛋盒里，不用考虑颜色匹不匹配。

额外训练到的部位 / 能力： 视觉。

●　●　●　●　●　●　●　●　●　　　海绵邮票　　　●　●　●　●　●　●　●　●

1

2

3

★**游戏说明：** 这个海绵邮票的游戏很有趣，而且可以让孩子以此为契机练习写自己的名字。

★**材料：** 海绵，颜料，纸，铅笔，盘子或颜料盘。

★**所需空间：** 小。

★**时间：** 15 ～ 20 分钟。

★准备工作： 在一张大纸上，用铅笔写下孩子的名字。将海绵切成小方块。往盘子上倒些颜料。

★步骤 1： 让孩子用一块海绵蘸颜料。

★步骤 2： 在自己名字的第一个字上涂色，做标记。

★步骤 3： 继续涂色，每个字都涂上颜色，就像拿着邮戳给邮票盖章一样，直到把他们的名字涂完。

让它变得更简单一点： 不用在名字上涂色，在纸上画几个大的形状，让孩子在每个形状里面"盖章"就行。

让它变得更难一点： 让孩子在"盖章"前，自己写好自己的名字。

婴儿可参与活动： 把海绵切成两半，让宝宝在一张大纸上画画。把纸放在地板上，让他充分探索海绵、颜料和纸的颜色与触感。

额外训练到的部位 / 能力： 视觉，触觉。

扭扭棒和过滤网

1

2

★ **游戏说明：** 这是一个很简单的小游戏，当你需要抽身去做饭的时候，可以让孩子在你旁边有事可做。

★ **材料：** 扭扭棒，过滤网。

★ **所需空间：** 小。

★ **时间：** 5 ～ 10 分钟。

★ **准备工作：** 将材料放在桌子上。

★ **步骤 1：** 告诉孩子把过滤网在桌子上倒过来。

★ **步骤 2：** 让孩子把扭扭棒逐个插入过滤网上的小孔内。

让它变得更简单一点： 用一个旧过滤网，把过滤网上的孔扎得更大一些。

让它变得更难一点： 蒙上孩子的眼睛，再让他把扭扭棒插进过滤网。

婴儿可参与活动： 让宝宝尝试把一个小棉球放进一个玻璃瓶里。

额外训练到的部位 / 能力： 视觉，触觉。

晾衣服

★**游戏说明：**任何喜欢玩小娃娃，摆弄娃娃衣服的孩子都会为这个游戏疯狂。如果孩子对娃娃衣服不感兴趣，可以选择动物剪纸来代替。

★**材料：**娃娃衣服，动物剪纸（可选，也就是把动物的图片打印出来，然后剪下来，如果你想重复使用，可以使用美术纸打印），晾衣架，纱线，两把椅子。

★**所需空间：**中等。

★**时间：**20～30分钟。

★**准备工作：**将纱线分别绑在两把相距约1.2米的椅子上，制作一条高度到孩子胸部的晾衣绳。

★**步骤1：**让孩子拿起一个夹子和一件衣服。

★**步骤2：**把衣服夹在绳子上。

★**步骤3：**让孩子继续拿夹子夹衣服，直到所有衣服都挂起来。

★**步骤4：**把所有衣服从晾衣绳上拿下来，然后放回原位。

让它变得更简单一点：家长负责把衣服挂起来，孩子负责把衣服从绳子上拿下来放好。

让它变得更难一点：使用更小的夹子。

额外训练到的部位 / 能力：本体觉，视觉。

棉签作画

1

2

★ **游戏说明：**这是一个奇妙的练习精细运动技能的游戏，孩子们也会觉得用画笔以外的东西画画很有趣。

★ **材料：**棉签，颜料，纸，颜料盘。

★ **所需空间：**小。

★ **时间：**25 ～ 30 分钟。

★ **准备工作：**把颜料倒在颜料盘里，然后把所有材料放在桌子上。

★**步骤 1：**将棉签的一端浸入颜料中。

★**步骤 2：**练习用棉签当画笔写自己的名字或画各种形状。

让它变得更简单一点：不要求孩子写自己的名字，让他们画出你写在纸上的字母或形状即可。

让它变得更难一点：在纸上画一个无限符号，让孩子用棉签蘸上颜料在上面涂色。

额外训练到的部位 / 能力：触觉，视觉。

可爱贴纸

1

2

3

★**游戏说明：**所有的孩子都喜欢贴纸，然后用它来装饰一切，甚至是墙壁。既然如此，为什么不利用他们对贴纸的这种热情来训练精细运动技能呢？

★**材料：**彩色圆形小贴纸或者你可以找到的任何贴纸，纸，记号笔。

★**所需空间：** 小。

★**时间：** 20 ～ 25 分钟。

★**准备工作：** 你负责画一棵大树的树干和树枝，并在树枝上画一些略大的圆圈。

★**步骤 1：** 把画好的画递给孩子。

★**步骤 2：** 让孩子负责为这棵大树创作树叶，撕下一张贴纸，把它贴在树枝上的圆圈里。

★**步骤 3：** 继续创作，直到所有的圆圈都贴上贴纸，一棵彩色的大树就画好了。

让它变得更简单一点： 不画圆圈，让孩子把贴纸贴在树上任何想要填满的地方。

让它变得更难一点： 让孩子画这棵树。

额外训练到的部位 / 能力： 视觉，触觉。

跳舞的豆子

★**游戏说明：** 用自制的乐器激发孩子的想象力。

★**材料：** 漏斗，空水瓶，生豆子，碗，勺子。

★ **所需空间：** 小。

★ **时间：** 10 ～ 15 分钟。

★ **准备工作：** 将漏斗放在空水瓶的瓶口处，将豆子倒入碗里。

★ **步骤 1：** 让孩子用勺子把豆子舀进漏斗里。

★ **步骤 2：** 当瓶子里的豆子装到瓶身三分之一的时候，拧上盖子。自制的沙槌就做好啦！

★ **步骤 3：** 孩子可以摇晃沙槌，你来放音乐伴奏。

让它变得更简单一点： 用沙铲或汤勺代替勺子把豆子舀进漏斗里。

让它变得更难一点： 不用漏斗，直接把豆子小心地舀进瓶子里。

额外训练到的部位 / 能力： 视觉，触觉。

燕麦圈

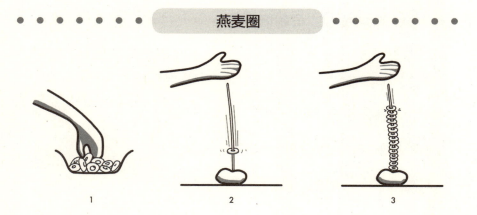

1　　　　　2　　　　　3

★**游戏说明：**燕麦圈可以让孩子从小就锻炼自己的精细运动技能，还可以用它来制作可食用的珠子。

★**材料：**橡皮泥、燕麦圈、生意大利面、碗。

★**所需空间：**小。

★**时间：**15 ～ 20 分钟。

★**准备工作：**把橡皮泥揉成一个球，然后粘在桌子上。把 4 根意大利面插进橡皮泥里，让它们站直。倒一小碗燕麦圈备用。

★**步骤 1：**孩子拿起准备好的燕麦圈。

★**步骤 2：**让孩子小心地把这些燕麦圈逐个套在意大利面上。

★**步骤 3：**等到碗空了，就完成了任务！每根直立的意大利面上都套上了一堆燕麦圈。

让它变得更简单一点：分别用大的串珠和扭扭棒代替燕麦圈和意大利面。

让它变得更难一点：让孩子做准备工作。他们能把意大利面插进橡皮泥里而保证它不折断吗？他们能保证向碗里倒燕麦圈的时候不洒出来吗？

额外训练到的部位 / 能力：视觉，本体觉，触觉。

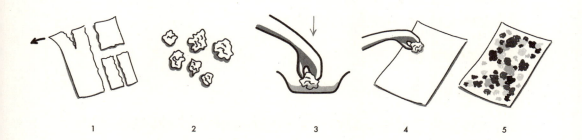

皱巴巴的纸邮票

★**游戏说明：** 自己制作邮票，而不是去商店里买现成的邮票。尽量多利用家里的东西来激发孩子们的创造力，并发展精细运动技能。

★**材料：** 纸，颜料，颜料盘。

★**所需空间：** 小。

★**时间：** 20～25 分钟。

★**准备工作：** 将颜料倒在颜料盘上。

★**步骤 1：** 让孩子把纸撕成不同大小的碎片。

★**步骤 2：** 把纸揉成小球。

★**步骤 3：** 让孩子把揉皱的小纸球浸入颜料中。

★**步骤 4：** 让孩子使用这个小纸球像盖邮戳一样，在纸上创作一幅有纹理的画。

★**步骤 5：** 让孩子继续用不同颜色和不同大小的小纸球来设计作品。

让它变得更简单一点：家长负责把纸撕成碎片。

让它变得更难一点：画一些形状，让孩子在这些形状里面"盖章"。这可以让他们练习不越界的能力。

额外训练到的部位 / 能力：触觉。

● ● ● ● ● ● ●　　游来游去的小鱼　　● ● ● ● ● ● ●

★**游戏说明：**如果孩子喜欢洗澡，那么可以把精细运动技能的训练带进浴缸！

★**材料：**大勺子，切成 8 小块的海绵，杯子。

★**所需空间：**小。

★**时间：**15 ～ 20 分钟。

★**准备工作：**将海绵块放进浴缸。

> ★**步骤 1：**给孩子杯子和勺子。
>
> ★**步骤 2：**让孩子抓住"鱼"，即海绵块，用勺子把它们舀起来，放到杯子里。

让它变得更简单一点：用杯子而不是勺子来抓鱼。

让它变得更难一点：用小钳子而不是勺子来舀鱼。

额外训练到的部位 / 能力： 视觉，触觉。

其他精细运动技能训练活动

可以充分利用家里各式各样的物品来帮助孩子练习精细运动技能。

> 室外 / 室内游戏

► 用粉笔绘制人行道或车道。

► 用蜡笔 / 记号笔在纸上涂色。

► 涂色书。

► 烹饪。

► 用橡皮泥剪刀或儿童专用剪刀剪橡皮泥。

► 穿珠子。

► 用餐具吃饭。

► 玩玩具。

► 画画。

► 用橡皮泥捏建筑形状。

► 使用铲子和水桶玩游戏。

► 乐高套装玩具。

让孩子去玩

　　读到此处，我们已经在关于感觉系统的讨论中抵达了本书的终点。虽然我们可能只是触及了这些系统理论的浅表，但你所学到的这些知识足以帮助孩子茁壮成长。我由衷地相信，了解孩子的感觉系统不仅会影响我们对孩子行为的看法，还会进一步影响孩子的行为，并教会家长懂得如何给予孩子最好的支持。每次我遇到一个孩子，不管我是否在工作状态，都能立即注意到他的感觉系统怎么样，并相应调整我对他行为的期望与反应。行为就是与外界交流的开始，孩子们的行为反应千差万别，也不存在完全相同的养育过程。我希望本书能够帮助家长们更好地了解自己的孩子，明白孩子的感觉系统是如何促进他们的发育和成长的。

　　如果你让我在本书的最后为家长献上一条我最想表达的建议，那就是让孩子去玩，并记住如何去玩——我说的是那种真正有意义的、可以调动感觉系统的玩耍活动。不要与邻居攀比，不要寄希望于那些在孩子手中嘀嘀作响的高科技玩具，让孩子跳到水坑里去玩，衣服弄脏是可以洗的！和孩子一起玩耍会帮你们建立起记忆和神经连接，这些都是极具价值的过程，尽管在这个过程中孩子可能会把周围弄得一团糟或者弄脏自己的裤子，但那又何妨呢？和孩子一起去尽情地享受自由的快感吧，一起去探索后院，一起去远足。你们可以用枕头建一座"堡垒"，也可以假装在亚马孙丛林与蛇搏斗。让孩子像我们小时候一样玩耍，没有比这更美妙的事情了。本书里的感觉统合游戏会帮助孩子更好地驾驭自己的世界，但还有很重要的一点，那就是我希望在这个过程中，已经长大成人的你也能够重新找回自己内心深处的童真，同时跟孩子建立起更深厚的情感联结。

　　无论你是在玩本书中推荐的游戏，还是在玩你们自己开发的游戏，都请记住，一定要给孩子的成长留出充分的空间，允许他们犯错，并从错误中学习。家长要为孩子建造的是一张安全网，而不是一座牢笼。爱孩子的同时也要学会适当地放手。如果他们有一个想法，而你知道这个想法可能行不通，那也要鼓励他们尝试，给他们机会自己去探索与发现。就算他们可能会弄得一团糟，但在探索的过程中把事情弄清楚，获得新体验，这最终会让他们受益匪浅。

　　我们每个人都是与众不同的。完美不仅无聊，更关键的是它不并存在。接受甚至是拥抱孩子的那些怪癖，想办法把它们变成孩子的强项。我是不是常常提到自己的感觉系统问题和个人怪癖？我很感谢自己在感觉上的那些需要，没有它们，就没有现在的我。尊重是建立在爱的基础上，请记住，我们每个人都是优点与缺点并存的，确保孩子也知道这一点。

　　最后，还有一件很重要的事，那就是永远不要忘记你是一个了不起的家长！不要拿自己和其他父母比较，因为他们的孩子与你的孩子并不相同。你拿起这本书，是为了更好地了解自己的孩子是如何成长和发育的，这意味着你已经超越了很多人，而且这很值得。你已经是一个很棒的家长了。你的孩子很幸运能够拥有你。你得知道这一点。

如果你还是会感到困惑，那就什么也别想，行动起来，带着孩子开始玩吧！

在我当了母亲之后，我的内心开始变得柔软。

偶有一天我读到这样一段话："你永远不知道你的孩子有多爱你。每个孩子都是天使，他们曾趴在云朵上认认真真地挑选妈妈，他们选中了你，然后丢掉天上无数的珍宝，光着身子来到你身边，他们是上天送给你的礼物，像一只慢吞吞的蜗牛一样，带你欣赏这个世界上最美的风景。"读罢我的眼泪流了下来，许多养育孩子的辛苦与艰难，都在那一瞬间被治愈。

我想，所有父母都希望自己的孩子能够健康、快乐地长大；所有父母都希望尽自己所能，让孩子拥有幸福的童年、美好的未来。

但我们还是常常会被一些养育孩子的小事搞到头痛。我们想陪伴孩子，却不知该如何给予高质量的陪伴；我们发现孩子有些小缺点，却不知该如何改善；我们能从这个碎片信息爆炸的时代接触到不同的育儿理念，却不知该选择哪一条路。

接受出版社的邀请翻译这本书时，我的儿子小豚豚刚好两岁半。《在家就能玩的感统游戏》最吸引我的地方是，它阐述了很多系统理论，拨云见日，让我们知其然，也知其所以然。同时，它又像一本家长养育指南，一步一步教会你应该怎么做，你可以在家里和孩子一起做什么游戏，用到家里已有的哪些物品，哪些是可选的，前期准备什么，第一步、第二步、第三步做什么，甚至如何增加或者降低游戏难度，有什么额外训练到的部位或能力……这些在书里都写得清清楚楚。如果你是既对理论感兴趣，又渴望能够把理论结合实际去落地的家长，那么这本书一定会帮到你。

《在家就能玩的感统游戏》主要围绕人体拥有的八大感觉系统进行讨论，即视觉系统、听觉系统、味觉系统、触觉系统、嗅觉系统、前庭觉系统、本体觉系统以及内感受系统。前五大系统我们都很熟悉，后面三大系统大家可能是第一次听说，但它们却每时每刻都在我们身体内发挥作用。简单来说，前庭觉系统负责处理身体的运动和平衡，本体觉系统对我们身体在空间中所处的位置提供反馈，内感受系统则告诉我们身体内部发生了什么，让我们知道什么时候想去洗手间，或者什么时候饿了、渴了。

这八大感觉系统从来不是单枪匹马作战的，它们相互协调，有机配合，所以就有了感觉统合这个概念。相信接触过早教班的父母一定都听那些课程顾问谈到过感统课程，在我没有读这本书时也曾被这个"高深"的概念左右。但事实上，所谓的感统训练，我们只要懂得其内在逻辑，在家里、在院子里、在操场上，都可以带领孩子一起完成，并没有多么高深莫测。感觉系统协调发展的孩子，能够更充分地挖掘自身的潜力，更好地完成学业，更容易在运动领域以及树立自尊心上游刃有余。

如果以树作比喻，人体的感觉系统就像根，只有它足够强大，树干和枝叶才会茁壮与繁荣。因此，在本书的每一章，作者都会对应某一个感觉系统展开介绍，先是深入浅出地介绍感觉系统的理论知识，然后教我们如何通过做游戏来带领孩子一起训练这一感觉系统，每一章中都会对应十余个小游戏。所以，它真的很像一本工具书，或者说是游戏使用说明书，随手一翻，选择几个小游戏，就能帮你度过陪玩时光。最难能可贵的一点是，这些游戏都不需要现代设备的介入，游戏所需的工具和初衷都很简单，它们更多的是在发挥孩子的想象力与创造力。有些训练甚至让我想起自己小时候与父母一起做过的游戏，那时的他们虽然没有这些理论知识支撑，但凭借其质朴的初心与陪伴，给予了我非常好的感觉统合训练，我想我后来在学业上取得的成功以及自信心的养成都与这些密不可分，我无限感恩我的父母。

　　在翻译这本书的过程中，还有一点让我深有感触：作者在帮助家长们卸下焦虑。社交网络发达，我们太容易变得焦虑，仅仅与孩子相关的事情，就足以让焦虑泛滥，但是在作者的字里行间，我能感受到更多的理解。如果你的孩子比别人的孩子发育晚一步，不必担心，每个孩子都有自己的节奏；如果你的想法和长辈的意见不一致，不必急躁，这是最常见的代际问题；如果你的孩子因为玩耍会弄脏衣服和小手，只要确保他是安全的，那就让他尽情去玩吧，这样他才能更好地去触摸与感受。还有，最重要的一件事，有时候你觉得自己并不是合格的家长，很多事情你都不知道如何是好，但是，亲爱的，你会打开这本书，这就说明你已经超越很多人了，是非常棒的家长了！

　　真心地希望所有父母都能在养育孩子的过程中感受到快乐，能够在孩子长大的过程中也实现自我成长，不执念过往，不焦虑未来，享受当下的美好。

张怡然

2022 年 6 月于北京

未来，属于终身学习者

　　我这辈子遇到的聪明人（来自各行各业的聪明人）没有不每天阅读的——没有，一个都没有。巴菲特读书之多，我读书之多，可能会让你感到吃惊。孩子们都笑话我。他们觉得我是一本长了两条腿的书。

——查理·芒格

　　互联网改变了信息连接的方式；指数型技术在迅速颠覆着现有的商业世界；人工智能已经开始抢占人类的工作岗位……

　　未来，到底需要什么样的人才？

　　改变命运唯一的策略是你要变成终身学习者。未来世界将不再需要单一的技能型人才，而是需要具备完善的知识结构、极强逻辑思考力和高感知力的复合型人才。优秀的人往往通过阅读建立足够强大的抽象思维能力，获得异于众人的思考和整合能力。未来，将属于终身学习者！而阅读必定和终身学习形影不离。

　　很多人读书，追求的是干货，寻求的是立刻行之有效的解决方案。其实这是一种留在舒适区的阅读方法。在这个充满不确定性的年代，答案不会简单地出现在书里，因为生活根本就没有标准确切的答案，你也不能期望过去的经验能解决未来的问题。

　　而真正的阅读，应该在书中与智者同行思考，借他们的视角看到世界的多元性，提出比答案更重要的好问题，在不确定的时代中领先起跑。

湛庐阅读App：与最聪明的人共同进化

　　有人常常把成本支出的焦点放在书价上，把读完一本书当作阅读的终结。其实不然。

时间是读者付出的最大阅读成本
怎么读是读者面临的最大阅读障碍
"读书破万卷"不仅仅在"万"，更重要的是在"破"！

　　现在，我们构建了全新的"湛庐阅读"App。它将成为你"破万卷"的新居所。在这里：

● 不用考虑读什么，你可以便捷找到纸书、电子书、有声书和各种声音产品；

● 你可以学会怎么读，你将发现集泛读、通读、精读于一体的阅读解决方案；

● 你会与作者、译者、专家、推荐人和阅读教练相遇，他们是优质思想的发源地；

● 你会与优秀的读者和终身学习者为伍，他们对阅读和学习有着持久的热情和源源不绝的内驱力。

下载湛庐阅读 App，
坚持亲自阅读，
有声书、电子书、阅读服务，
一站获得。

本书阅读资料包

给你便捷、高效、全面的阅读体验

本书参考资料

☑ **参考文献**
为了环保、节约纸张，部分图书的参考文献以电子版方式提供

☑ **主题书单**
编辑精心推荐的延伸阅读书单，助你开启主题式阅读

☑ **图片资料**
提供部分图片的高清彩色原版大图，方便保存和分享

相关阅读服务

☑ **电子书**
便捷、高效，方便检索，易于携带，随时更新

☑ **有声书**
保护视力，随时随地，有温度、有情感地听本书

☑ **精读班**
2～4周，最懂这本书的人带你读完、读懂、读透这本好书

☑ **课　程**
课程权威专家给你开书单，带你快速浏览一个领域的知识概貌

☑ **讲　书**
30分钟，大咖给你讲本书，让你挑书不费劲

湛庐编辑为你独家呈现
助你更好获得书里和书外的思想和智慧，请扫码查收！

（阅读资料包的内容因书而异，最终以湛庐阅读App页面为准）

图书在版编目（ＣＩＰ）数据

在家就能玩的感统游戏 / （美）阿莉·蒂克廷
（Allie Ticktin）著；张怡然译. -- 杭州：浙江教育
出版社，2023.4
ISBN 978-7-5722-5665-3

Ⅰ. ①在… Ⅱ. ①阿… ②张… Ⅲ. ①儿童—感觉统
合失调—训练 Ⅳ. ①B844.12

中国国家版本馆CIP数据核字(2023)第051628号

上架指导：感觉统合 / 科学养育

在家就能玩的感统游戏
ZAIJIA JIU NENG WAN DE GANTONG YOUXI

[美] 阿莉·蒂克廷（Allie Ticktin）　著

张怡然　译

责任编辑： 高露露

美术编辑： 韩　波

责任校对： 余理阳

责任印务： 曹雨辰

封面设计： ablackcover.com

出版发行： 浙江教育出版社（杭州市天目山路 40 号　电话：0571-85170300-80928）

印　　刷： 天津中印联印务有限公司

开　　本： 710mm×965mm 1/16

印　　张： 15.75　　　　　　　　　**字　　数：** 225 千字

版　　次： 2023 年 4 月第 1 版　　　**印　　次：** 2023 年 4 月第 1 次印刷

书　　号： ISBN 978-7-5722-5665-3　**定　　价：** 89.90 元

如发现印装质量问题，影响阅读，请致电 010-56676359 联系调换。